부산대학교
최고의 과학자들이 내딛는

과학적 대중화의
가치있는 첫 걸음

부산대학교 교양총서
알짜배기 자연과학 4

Ecology

생태학의 창으로 보는 세상

최송현 지음

부산대학교출판문화원

서 문

생태학은 19세기 후반부터 비로소 학문으로 정립되어 오늘에 이르고 있는, 비교적 새로운 학문이라고 할 수 있을 것이다. 생태학이 생물과 환경의 관계를 다루는 학문이다 보니 적용 범위는 매우 넓고, 최근 기후위기, 생물다양성 감소 등의 환경문제에 대한 대응으로 자주 언급되다 보니 오랜 역사를 가진 학문처럼 느껴진다. 실제로 우리 사회에서 생태라는 용어가 가지고 있는 직관적인 의미는 자연보호, 자연회귀 등 문명과 거리를 두는 이미지이다. 그러나 생태학은 자연에 대한 호기심에서 시작되었으며 주어진 환경속에시 생물들의 생존 및 생활 원리를 밝히는 것에 초점을 맞추고 있다. 최근에는 그 의미가 확대되어 비록 생물이 아니더라도 객체 혹은 무형의 것이 상호관계가 있는 동적인 흐름을 보인다면 생태적인 해석을 적용할 수 정도로 응용의 폭도 넓다.

생물의 생활과 관계에 대한 이해는 기본 원리를 알아내는 것이 중요하다. 생태적 현상이라는 것이 워낙 복잡한 변수가 많이 얽혀 있어 단순명확하게 해석되는 것은 그리 많지 않다. 그럼에도 불구하고 기본 원리를 적용하고 더 나아가 응용하면 어느 정도 설명력을 가진 해석을 할 수 있다. 생태원리를 각종 현상이나 사건에 응용할 수 있는 단계까지 가려면 진입장벽이 제법 높다. 그래서 이 책에는 가장 기본적인 원리를 누구나 이해할 수 있도록 최대한 쉽게 설명하려는 노력을 담았다. 부디 이 노력이 결실을 맺기 바란다.

생태학은 단순 학문이라고 하기에는 그 안에 내재되어 있는 철학적 의미가 깊다. 그래서 인간중심의 사고가 당혹스럽게 다가올 때가 있다.

예를 들면, 우리 인간도 한 개체요, 주변의 날벌레도 한 개체로 보는 생태적 관점 즉, 양자의 가치에 대한 무게가 같다는 말을 우리가 쉽게 수용할 수 있을까? 생태학에서는 각기 다른 개체가 가지는 가치의 무게가 같다고 보기 때문에 평등을 얘기할 수 있고, 서로 다른 개체가 서로를 이해하는 과정이 공존, 공생 그래서 평화로 나아가는 방향임을 제시하고 있다. 이런 생태학의 함의를 이해하고 세상을 보는 것이 생태적 관점이라고 할 수 있을 것이다.

이 책에서는 생태학 분야 중 일부만 다루었지만, 책의 내용이 우리의 동기를 유발하는 자극제가 되어 보다 심화된 생태학 서적과 논문을 찾고 공통주제를 상정하여 서로 논의하는 그림을 그려본다.

"이것은 생태적 관점에서는 이렇게 해석할 수 있지" 라고 하면서.

애팔래치안 산맥 자락에서
최송현

목 차

1

정의 | 생태학이란 무엇인가?

요즘 많은 곳에서 "생태"라는 용어가 사용되고 있다. 환경분야에서는 항상 꼬리표처럼 필수불가결하게 사용하는 용어이고, 환경분야가 아니더라도 "산업생태계", "ICT 생태계", "경제생태계" 등 생물과 관련이 없어도, 마치 살아움직이는 역동성이 있다면 생태라는 용어를 적용하고 있다.

국어사전에는 생태(生態)를 "1.생물의 생활 상태 2.생활해 나가는 모양이나 상태"로 정의하고 있다. 생태학은 생태를 연구하는 학문이므로 자연스럽게 "생물의 생활 상태"를 연구하는 학문이다. 즉, 생물은 살아가는데 있어 다양한 환경에 둘러싸여 있고, 생물과 환경 사이에 "관계"가 형성된다. 생태학은 생물과 환경간의 "관계"를 연구하는 학문이라고 할 수 있다(그림 1). Merriam-Webster 사전에는 생태학(ecology)을 "the totality or pattern of relations between organisms and their environment"이라고 정의하고 있다.

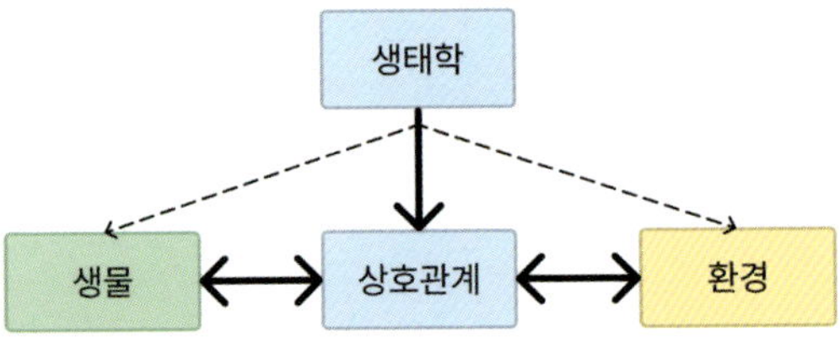

그림 1. 생태학의 정의

Ecology를 어원으로 살펴보면 집을 의미하는 oikos(house)와 학문을 뜻하는 logos(speech, science)의 합성어이다. 직역하면 "집의 학문"이라고 할 수 있는데, 지금 우리가 이해하는 생태학의 정의와는 거리가 멀어 보인다. 그러나 모든 생물들이 환경속에서 상호관계를 이루며 어울려 살아가는 세상을 한 지붕 아래에서 일어나는 일로 본다면 "세상의 학문"이라고 봐도 무방할 것이다. 집을 어떻게 해석하느냐의 문제인데 범위가 어떠하든 한 지붕 아래에서 같이 사는 생물은 한 식구라고 할 수 있겠다.

Ecology와 유사한 단어로 경제를 뜻하는 economy는 oikos(house)와 nemein(manage)의 합성어이다. 즉, 집을 관리한다는 의미이다. 생태와 경제는 개발과 보전을 대표하는 용어로 사용되고 있어 대립적인 의미로 보여진다. 그러나 최근 환경문제가 부각되면서 양자의 조화를 꾀하는 지속가능한 개발(sustainable development) 개념이 나오고 있는데, 기원을 거슬러 올라가보면 생태와 경제는 oikos라는 공통의 어원을 가지고 있다. 생태학의 한 분야인 생태계생태학은 실제로 현대 경제학의 개념이 내재되어 있기도 하다.

생태학이 생물을 다룬다는 측면에서 보면 생태학의 기원은 생물을 연구했던 아리스토텔레스(Aristotle, 384-322 B.C.)나 식물학의 아버지라 불리는 테오프라스토스(Theophrastus, 371-286 B.C.)까지 거슬러 올라갈 수 있다. 이들의 사상은 2000년 넘게 사람들의 인식을 지배했으며 린네(Carl Linnaeus)까지 영향을 미친다. 린네는 식물과 흙의 관계를 설명하면서 이들의 상호작용 과정을 "자연의 경제학(the economy of Nature)"이라고 표현하였는데, 현대 생태학에 가까운 개념이다.

생태학(ecology)이라는 용어를 처음으로 사용한 사람은 1866년 독일 생물학자 에른스트 헤켈(Ernst Heinrich Haeckel)이다. 그는 다윈(Darwin)의 진화론을 지지했으며 생물과 환경 사이의 관계에 초점을 맞추었다. 헤켈 이후에는 훔볼트(Alexander von Humboldt, 1769-1859)

가 남미를 직접 답사하면서 생태학의 과학적 토대를 닦았다. 훔볼트가 활동했던 유럽과 남미에는 여전히 훔볼트의 흔적이 많이 남아 있다. 라운키에르(Christen Raunkier, 1860-1938)는 식물의 생활형과 정량적 연구법을 정립했다. 뫼비우스(Karl Möbius, 1825-1908)는 동물을 연구하면서 "biocoenosis" 즉, 생물공동체라는 용어를 사용하였다. 이러한 흐름을 바탕으로 생태학은 19세기 말 20세기초 학문적 면모를 갖추어 나갔다.

계속해서 클레멘츠(Frederic E. Clements, 1874-1945)와 코울스(Henry C. Cowles, 1869-1939)는 식물분야에서 천이 이론을 통해 생태학을 더욱 진보시켰다. 텐슬리(Arthur Tansley, 1871-1955)는 생태학의 개념을 정리했다. 엘튼(Charles Elton, 1900-1991)은 오늘날 먹이그물로 불리는 먹이연쇄, 생태적 지위(niche), 생태 피라미드(pyramid of numbers)를 도입했다. 오덤(Eugene Odum, 1913-2002)과 크랩스(Charles Krebs)는 현대생태학의 틀을 정리했다.

생태학은 점점 세분화되어가고 있으며 최근에는 컴퓨터와 인터넷 기술이 발달하면서 추석기술, 분석화학, 원격탐지, 자동감시, 수학모델 등 다양하게 심화되고 있다. 생태학의 중요 고비마다 활약했던 인물들과 흐름을 간략하게 소개하였는데, 비록 생태학의 학문적 역사가 짧다고 해서 수많은 연구가 이뤄졌고, 지금도 이뤄지고 있다. 모든 영역을 다 다룰 수는 없으나 생태학 범주 중 한 분야를 파고 들어가면 생태학자들의 흔적을 찾을 수 있는데 보다 깊이 파고들어가는 일은 우리 자신들의 몫이다.

학습 요약 정리 1

1. 생태학의 정의는 생물과 생물이 살아가는 환경과의 관계를 연구하는 학문이다.

2. 생태학(ecology)의 어원은 oikos + logos이다.

3. 생태학이 학문으로 정립된 것은 19세기 후반이며, 생태학이라는 용어를 처음 사용한 사람은 1866년 헤켈(Haeckel)이다.

2

용어 | 생태학 용어를 알아보자

어느 분야나 마찬가지겠지만 해당 분야에서 독특하게 사용하는 용어가 있다. 예를 들면, 의학드라마에서 의사와 간호사들이 일반인들은 알아듣기 어려운 그들만의 전문용어를 사용한다. 그들의 대화는 전문용어를 전달하려는 것이 아니라 그들이 전문성을 가지고 있다는 것을 표현한다. 생태학에서도 그런 용어들이 많다. 생태학자들이 그들만의 전문용어로 대화를 한다면 역시 일반인들은 용어에 집중하기 보다는 그들이 상당히 전문성을 갖고 있다고 생각할 것이다. 생태학에서 사용하는 아주 국한된 용어까지 짧은 시간에 모두 알 수는 없다. 그렇지만 생태학이라는 큰 줄기에서 전반적으로 사용하는 용어를 알아두면 학문을 이해하는데 큰 도움이 된다. 비록 전문용어지만 정의가 비교적 쉽고 우리의 일상생활에서도 쓰이며, 자주 쓰다보면 익숙해 진다. 물론 기타 특수한 용어는 그때 그때 살펴보도록 하자.

우선 첫 번째로 알아볼 용어는 "개체(個體)"이다. 개체는 한자(漢字)인데 용어 그대로 "각각의 몸"이라는 뜻으로 모든 생물의 기본 단위이다. 영어로는 "individual"이다. 예를 들면, 나 자신도 한 몸으로 '개체', 주변을 나는 새 한 마리도 '개체', 우리나라 산에서 흔히 볼 수 있는 소나무 한 그루도 '개체', 우리 집 주변에 핀 민들레도 '개체'이다. 몸집이 크건 작건 상관없다.

그렇다면 개체가 여럿 모이면 우리는 뭐라고 지칭해야 할까? 즉, 뒷산에서 소나무숲을 보게되면 소나무 '개체'가 여럿 모였으니 무리를 지칭하는 용어 "군(群)"를 개체 뒤에 붙인 "개체군(個體群, population)"이라고 부르면 된다. 두 번째 용어는 개체군이다. 개체군은 개체들의 무리가 되는 셈이다. 그 개체가 소나무면 소나무개체군이 되는 것이고, 사람이면 사람개체군이 되는 것이다. 그러나 사람개체군의 경우 우리는 특별히 "인구(人口)"라고 부른다. 사람들을 특별히 부르는 것을 제외하면 나머지는 대부분 우리가 부르는 개체이름에 "군"만 붙이면 된다. 즉, 참새개체군, 졸참나무개체군 등.

이제 세 번째 용어를 알아보자. 자연상태에서 이런 개체군들은 서로 뒤섞여 있는 경우가 다반사이다. 당장 뒷산의 소나무숲만 가도 소나무만 있는 것이 아니라 소나무 사이에 진달래, 철쭉, 싸리나무, 국수나무 등 다양한 식물들이 혼재되어 있다. 어디 그뿐인가! 다람쥐, 박새 등 동물들도 보인다. 동물, 식물을 포함하는 다양한 생물 개체군이 한꺼번에 다 모여 있는 것이다. 이 경우 우리는 "군집(群集, community)"이라고 부른다. 군집이란 생물들의 총집합인 것이다. 특정 시간, 특정 공간에 모여 있는 생물들의 모임에 대한 명칭이 필요하다. 어떻게 이름을 붙일까? 아무래도 눈에 많이 띄거나 세력이 큰 것의 이름을 붙이면 좋겠다. 다시 뒷산의 소나무숲으로 가보자. 여러 생물들이 총체적으로 모여 있지만 소나무가 가장 많이 보인다. 집단에서 압도적으로 우위를 차지하는 것을 "우점종(dominant species)"이라고 한다. 우점종인 소나무의 이름을 빌리고 모임의 정체성인 군집을 접합시키면 "소나무군집"이라는 용어가 만들어진다. 만약 우위를 점하는 생물을 파악하기 곤란한 경우 즉, 갯벌과 같은 경우에는 어떻게 이름을 붙일까? 이때는 물리적 환경을 따서 군집이름을 붙이기도 한다. 갯벌의 경우에는 갯벌군집이라고 부르면 된다.

만약 뒷산 소나무숲을 보러갔는데, 소나무만 관찰하려고 갔다면 우리는 그것을 "소나무개체군"이라고 부를 수 있고, 소나무 숲에 어울려 있는 다양한 생물들을 더불어 보러 갔다면 "소나무군집"이라고 구분해서 부를 수 있다.

그림 2. 생태학을 이해하기 위한 용어체계

이제 개체, 개체군, 군집을 구분할 수 있게 되었다. 그런데 개체에서 군집까지 모두 생물이다. 우리 주변의 환경은 생물만 있는 것은 아니다. 계곡을 흘러내리는 물도 있고, 바위도 있고, 대기도 있다. 자연에서는 이런 무생물적인 것들도 모두 만날 수 있다. 생물과 무생물을 모두 합쳐서 부를 수 있는 명칭이 필요하다. 마지막 용어는 "생태계(生態系, ecosystem)"이다. 생태계는 삼라만상을 포함하는 큰 용어이다(그림 2).

이와 같이 개체에서부터 생태계까지 위계를 가지고 용어를 설명할 수 있다. 이는 개념적인 용어 구분이다. 그래서 앞의 용어로 지구상의 생물과 환경을 표현하기에는 부족한 부분이 있다. 현상을 설명하기 위해서 용어를 만들었는데, 현실을 반영하기에는 용어의 설명력이 부족한 경우이다. 그래서 지역적인 상황을 고려하여 생물군을 별도로 부르는 용어가 만들어진다.

메타개체군(metapopulation)은 Levins(1970)가 만들어낸 용어로 "개체군의 개체군"이라고도 하는데, 일정 지역에서 같은 종이 분산되어 있고 상호관계가 유지되는 지역 개체군들의 집합이다(Hanski, 1991). 개체군의 정의를 생각해 보면 개체군은 한 종이 여럿 모인 것인데, 모여있다는 것은 개체간 상호작용이 있다는 것을 의미한다. 마찬가지로 메타개체군은 지역 개체군들이 서로 소멸과 이동의 상호작용을 하면서 유지되는 집단이라고 볼 수 있다. 마찬가지로 메타군집(metacommunity)도 메타개체군과 유사하게 정의할 수 있다. 메타군집은 상호관계가 유지되고 있는 지역 군집의 집합이다(그림 3).

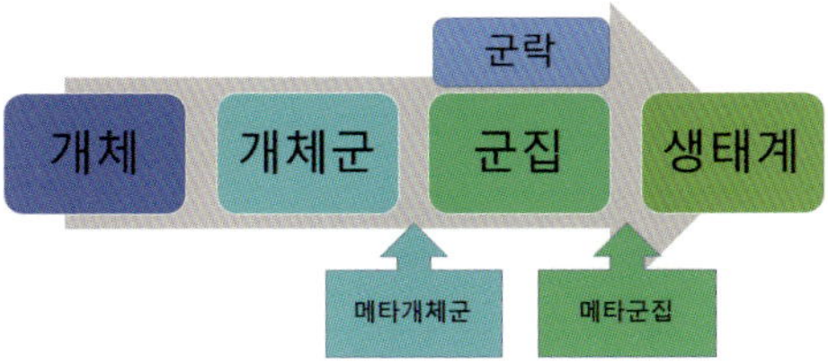

그림 3. 생태학 용어의 확대

한편, 군집은 모든 생물의 집합을 뜻하는데 연구 분야에 따라서는 이 범위가 너무 넓을 수 있다. 그래서 식물분야에서는 군집 단위의 용어에서 별도로 식물만을 지칭하는 용어를 사용한다. 그것이 "군락"이다. 군락이란 생육 조건이 같은 식물이 무리지어 있는 것을 지칭하는데, 주변의 다른 것과 구별되는 식물집단이라는 의미를 뜻하며, 학자에 따라서는 군총(群叢)이라는 용어를 쓰기도 한다.

학습 요약 정리 2

1. 개체는 하나의 생물을 뜻한다.

2. 개체군은 같은 생물의 집합이다.

3. 군집은 특정 시간 특정 공간을 차지하고 있는 개체군들의 집합이다.

4. 생태계는 생물과 무생물을 묶어 부르는 용어이다.

5. 군락은 군집 중 식물에 한정하여 부르는 용어이다.

6. 메타개체군은 일정 지역에 분산되어 있는 같은 종의 개체군이 상호관계가 유지되는 지역 개체군들의 집합이다.

7. 메타군집은 상호관계가 유지되고 있는 지역 군집의 집합이다.

3 제한요인 | 구상나무는 왜 우리나라에만 있나?

구상나무는 우리나라에서만 자생하는 특산식물이다(그림 4). 전세계에서 우리나라 외에는 생육하지 않는다. 그래서 구상나무의 학명(scientific name)은 우리나라에서만 생육한다는 점이 반영되어 *Abies koreana*이고, 영어 이름도 Korean fir이다. 영국 태생의 식물학자 Wilson은 1920년 "Four new conifers from Korea"라는 논문에서 구상나무에 대해 처음 발표하여 구상나무가 국제적으로 알려지게 되었다(Wilson, 1920)(그림 5).

그림 4. 구상나무(*Abies koreana*)

그림 5. 1917년 Wilson이 제주 한라산을 방문하여 구상나무를 발견하고 학계에 보고하였다.
사진 속 구상나무의 크기를 짐작할 수 있도록 동행인을 나무 옆에 세워놓고 찍었다.
(사진출처: *Archives of the Arnold Arboretum*)

구상나무는 주로 한라산에서부터 지리산을 거쳐 덕유산까지 아고산지대에 분포한다. 그럼 구상나무는 왜 우리나라에만 분포하고 있을까?

생물들은 다양한 환경에 둘러싸여 살아간다. 생물에 영향을 미치는 환경요인이 다양하기 때문에 생물의 생존에 필요한 조건을 일일이 나열하기는 곤란하다. 그렇지만 생물의 생활에 가장 큰 영향을 미치는 요인은 하나 혹은 단지 몇 개에 불과하다. 그 환경요인을 제한요인(limiting factor)라고 한다.

리비히(Liebig, 1840)는 작물의 수확량이 풍부한 자원에 의해 영향을 받는 것이 아니라 미량이 영양분에 의해 제한을 받는다는 사실을 알아내었다. 이 모델은 생태학 모델에 전반적으로 영향을 미치는데 이를 리비히의 최소의 법칙 (Liebig's law of the minimum)이라고 하고 줄여서 '리비히의 법칙' 혹은 '최소의 법칙'이라고도 부른다.

구상나무는 북방계로 식물로 분류되며, 2만년전 최한기에 동북아시아

지역에 넓게 분포하였다. 그러나 이어지는 간빙기에 더위를 피해 북쪽으로 후퇴하거나 고산지대에 잔류한 것으로 보여진다(임형택, 1992). 동북아시아 특히, 우리나라의 지형적 특성상 아고산지대에 해당하는 한라산, 덕유산 그리고 지리산 등지가 구상나무가 잔존하는 곳이 되었고 그것이 오늘에 이르고 있다. 그래서 구상나무를 잔존종(殘存種, relict)이라고 부른다. 이처럼 구상나무는 생육에 있어 온도라는 요소가 크게 작용하고 있다. 이 경우 우리는 구상나무의 생육 제한요인으로 "온도"를 들 수 있다. 최근 기후변화의 영향이 커지면서 겨울철 따뜻한 기온은 수분공급의 변화를 가져와 구상나무가 수분스트레스를 심하게 겪고 있는 것으로 나타나고 있어 "수분"도 제한요인이 되었고 점점 생존의 위협을 심하게 받고 있다(구경아 등, 2001).

온도에 민감한 구상나무는 바꿔말하면 '온도에 대한 내성범위가 좁다'라고 할 수 있다. 생물이 환경요인에 대해 견디는 능력을 내성(tolerance)이라고 하는데, 내성범위가 넓고 좁고는 모든 환경요인에 대해 적용할 수 있다. 예를 들면 덥거나 춥거나 잘 생육한다면 온도에 대한 내성범위가 넓은 것이고, 오직 덥거나 추운 곳에서만 생육이 가능하다면 온도에 대한 내성범위가 좁은 것이다. 내성범위가 넓을 경우에는 'eury', 내성범위가 좁으면 'steno'를 환경요인 앞에 붙인다. 그래서 온도에 대한 내성범위가 넓으면 광온성(eurythermal), 좁으면 협온성(stenothermal)이라고 표현한다. 같은 방식으로 먹이의 범위가 넓으면 광식성(euryphagic), 먹이의 범위가 좁으면 협식성(stenophagic)이 된다.

학습 요약 정리 3

1. 구상나무(*Abies koreana*)는 우리나라 대표 특산종으로 우리나라에만 분포한다.

2. 생물의 생활에 가장 큰 영향을 미치는 요인은 하나 혹은 단지 몇 개에 불과한데 그 환경요인을 제한요인(limiting factor)이라고 한다.

3. 생물이 환경요인에 대해 견디는 능력을 내성(tolerance)이라고 한다.

4. 생물의 활동범위는 내성범위에 의해 결정된다.

4 서식지 | 식물원과 동물원의 역할

국민소득이 올라가면서 사람들의 여가활동이 늘어났다. 저마다 자기만의 레크레이션이나 취미활동을 하는 것이 삶의 질을 높인다는 측면에서 매우 중요해 졌다. 사회적으로는 사람들의 여가활동의 욕구를 증진시킬 목적으로 각종 인프라를 확충하는 것이 중요해 졌는데, 대도시처럼 자연을 접하기 힘든 상황에서 공원, 정원은 자연에 대한 대리만족을 충족시켜준다. 공원이나 정원과 더불어 최근에 각광받고 있는 것이 수목원, 식물원 그리고 동물원이다.

식물원(botanical garden)은 다양한 식물을 수집, 증식, 보존, 그리고 전시하는 곳이다. 식물원의 주요 목적은 교육과 연구이며 온실, 시험장, 초본원, 목본원 등 각종 전시 공간을 갖추고 있어야 한다. 교육, 연구, 관리를 위한 전문 연구 및 관리인이 있어야 하고, 식물원 기관의 성격에 따라 독립적으로 존재하거나 대학, 국가기관 등 연구 기관 산하에서 운영되기도 한다. 운영 주체에 따라서는 국립, 사립, 공립 식물원이 있다.

수목원(arboretum)은 용어의 의미를 엄밀하게 적용하면 식물 중 목본을 위주로 수집, 증식, 보존 그리고 전시하는 곳이다. 용어 상으로 식물이 포괄적으로 수목을 포함하는데, 식물원이나 수목원이 출발할 때 어떤 것을 주 기능으로 하였는가에 달라질 뿐 현대에는 큰 차이가 없다고 봐도 무방하다. 동물원(zoological garden)도 식물원, 수목원처럼 대상이 동물일 뿐 주요 기능 및 역할은 같다고 할 것이다.

일반사람들이 마주하게 되는 수목원(식물원)이나 동물원은 주로 전시

기능이다. 동물원은 각종 분류군별로 희귀 동물들을 관람하고 체험하며, 수목원(식물원)은 주제별 전시와 더불어 최근에는 미적 가치를 증진 시킨 정원을 보여주고 있다. 그러나 수목원(식물원) 및 동물원의 주요 목적 중 하나는 연구이고 특히, 희귀동식물의 보존에 기여하고 있다.

지구상에는 얼마나 많은 생물들이 존재할까? 이 단순한 질문에 대해 과학자들의 명쾌한 대답을 듣기는 어렵다. 대답을 하기 위해서는 몇 종의 생물이 지구상에 사는지 파악을 해야하는데, 아직도 지구상에는 접근하기 어려운 곳, 맨눈으로는 동정이 불가능한 너무 작은 생물들이 있어 몇 종이 존재하는지 추정만 할 뿐이다. 예를 들면 곤충학자 Terry Erwin은 1980년 즈음에 파나마의 열대 우림의 나무 한그루에서만 163종의 딱정벌레가 서식하는 것을 조사하고, 딱정벌레가 곤충의 약 40%를 차지하므로 그것을 근거로 추산하여 지구상에는 3천만종의 생물이 분포하고 있다고 발표했다(Erwin, 1982). 그러나 과학자들은 3천만종은 너무 많으니 대략 1천만종 이하가 아닐까 생각했다. 이러한 현실이 지구상에 몇 종의 생물이 사는지 쉽게 대답하기 어렵게 만든다. 그러다 2011년에 Strain은 생물분류의 각 단계마다 분포하는 종 수의 패턴을 추정하여 지구상에 약 870만종의 생물이 분포하고 있다고 사이언스지에 발표했다(Strain, 2011).

그렇다면 현재까지 동정되어 기록된 종은 몇 종일까? 약 120만종으로 추산하고 있다. 확인된 종의 대부분은 곤충이다. 국제자연보전연맹(IUCN, The International Union for Conservation of Nature)에 따르면 120만종중 147,500종이 적색목록(red list)에 등재되었다. 적색목록은 IUCN이 1963년에 지구상에서 위협받고 있는 종들의 보전상태를 기록한 것이다. 적색목록의 범주는 멸종(extinct, EX), 야생멸종(extinct in the wild, EW), 위급(critically endangered, CR), 위기(endangered, EN), 취약(vulnerable, VU), 준위협(near threatened, NT), 약관심(least concern, LC), 정보부족(data deficient, DD), 미평가(not evaluated, NE)의 9개로

나뉜다(그림 6). 전체 목록중 28%에 해당하는 41,000종이 멸종의 위협을 받고 있다.

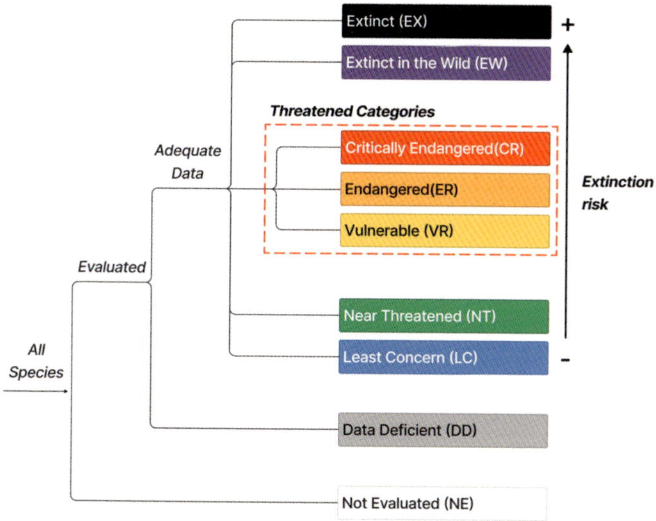

그림 6. IUCN 적색목록 범주 평가

• 기준(Criteira)
A. 개체군 크기 감소(Population size reduction)
B. 지리적 생육 범위(Geographic range)
C. 소개체군 크기 및 쇠퇴(Small population size and decline)
D. 극소 또는 제한된 개체군(Very small or restricted population)
E. 정량분석(Quantitative)

- 멸종(EX, Extinct) - 마지막 개체가 사망했다는 사실에 대한 합리적인 의심의 여지가 없을 때 분류군은 멸종이다. 해당 분류군은 역사적 범위 전체에 걸쳐 적절한 시기(일중, 계절별, 연간)에 알려진 또는 예상되는 생육지에서 철저한 조사에도 불구하고 기록되지 않을 때 멸종으로 간주한다. 단, 조사는 분류군의 생활사 및 생활형을 확인할 수 있는 적절한 기간 동안 이루어져야 한다.
- 야생멸종(EW, Extinct in the Wild) - 재배되거나 또는 과거의 생육 범위를 벗어난 귀화 개체군으로만 생존하는 것으로 알려진 분류군은 야생에서 멸종된 것으로 간주한다. 해당 분류군은 역사적 범위 전체에 걸쳐 적절한 시간(일, 계절, 연간)에 알려진 또는 예상되는 생육지에 대한 철저한 조사가 실패한 경우 야생에서 멸종된 것으로 간주한다. 단, 조사는 분류군의 생활사 및 생활형을 확인할 수 있는 적절한 기간 동안 이루어져야 한다.
- 위급(CR, Critically Endangered) - 이용 가능한 최선의 증거가 5개(A에서 E까지)의 기준(criteria) 중 어느 하나라도 충족될 때 해당 분류군은 야생에서 "위급"에 매우 높은 위험에 직면한 것으로 간주 된다.
- 위기(EN, Endangered) - 이용 가능한 최선의 증거가 5개(A에서 E까지)의 기준(criteria) 중 어느 하나라도 충족될 때 해당 분류군은 야생에서 "위기"에 매우 높은 위험에 직면한 것으로 간주 된다.
- 취약(VU, Vulnerable) - 이용 가능한 최선의 증거가 5개(A에서 E까지)의 기준(criteria) 중 어느 하나라도 충족될 때 해당 분류군은 야생에서 "취약"에 매우 높은 위험에 직면한 것으로 간주 된다.
- 준위협(NT, Near Threatened) - 분류군은 5개의 기준(criteria)에 따라 평가되었지만 위험범주(CR, EN, VU) 기준에 충족되지는 않고 그 임계치에 근접하며, 가까운 미래에 위협범주에 충족될 가능성이 있는 경우 "준위협"에 해당한다.

- 약관심(LC, Least Concern) - 분류군은 기준(criteria)에 따라 평가되었지만 위협범주(CR, EN, VU) 및 준위협(NT)에 해 되지 않은 경우 "약관심"으로 간주한다. 광범위하고 풍부한 분류군이 이 범주에 포함된다.
- 정보 부족(DD, Data Deficient) - 분류군은 분포 또는 개체군 상태를 기반으로 멸종 위험을 직간접적으로 평가하기 위한 정보가 불충분할 때 "정보부족(DD)"으로 평가한다. 이 범주에 속하는 분류군은 생물학적으로 잘 알려져 있지만 풍부함이나 분포에 대한 적절한 정보가 부족하다. 비록 "정보부족(DD)" 범주는 위협범주(CR, EN, VU)는 아니지만 향후 연구에서 위협범주에 충족될 가능성을 인정한다. 많은 경우 정보부족과 위협범주를 선택할 때는 세심한 주의가 필요하다. 분류군의 범위가 상대적으로 제한적인 것으로 판단되고, 마지막 기록이나 관찰 이후 상당한 시간이 경과한 경우 위협상태는 정당화된다.
- 미평가(NE, Not Evaluated) - 분류군이 평가되지 않으면 "미평가(NE)" 이다.

우리나라 적색목록 중 식물을 중심으로 살펴보면 국가표준식물목록에 기록되어 있는 자생식물 중 2,522분류군에 대해 평가를 실시한 결과 275분류군이 위협범주(threatened categories)에 속하는 것으로 나타났다. 위협범주 중 '위급'(critically endangered, CR)은 64분류군, '위기'(endangered, EN)는 95분류군, '취약'(vulnerable, VU)은 116분류군으로 평가되었다(국립수목원, 2021). 근대에 들어 산업화, 도시화 그리고 각종 환경오염 등의 영향과 더불어 기후위기의 시대에 생물들은 점점 멸종의 위기를 맞고 있다. 이러한 외부의 영향으로부터 위협받는 생물들을 어떻게 보호할 수 있을까?

생물들을 보전하는 전략은 서식지내(內) 보전(in situ)과 서식지외(外) 보전(ex situ) 2가지이다. 서식지내 보전은 서식지(자생지) 그 자체로써 생물을 보호하는 것으로, 보호지역(protected area)이 이에 해당한다. 우리나라의 대표적인 보호지역으로 국립공원, 백두대간보호지역, 생태경관보호지역 등이 있다(부록 1).

서식지외 보전은 생물이 서식지(자생지)에서 번성을 제대로 할 수 없어 멸종위기상황에 놓이면 이를 돌보고 관리할 수 있는 전문가가 있는 곳으로 옮겨 보전하는 것이다. 식물원, 동물원, 수족관 등이 이에 해당한다. 생물의 서식지 보전의 2가지 전략은 생물 그 자체를 보전하는 의미도 있으며, 생물다양성협약(Convention on Biological Diversity, CBD) 제2조에 명시되어 있듯이 근본적으로는 유전자원의 다양성을 보호하는 목적을 가지고 있다.

그래서 국가에서는 서식지내 보전의 방법으로 보호지역을 설정하고, 서식지외 보전을 위해 "서식지외 보전기관"을 지원하고 있다. 2022년 현재 서식지외 보전기관으로 지정된 곳은 모두 28개소이다(그림 7-10)(부록 2). 주말에 여가를 즐기기 위해서 찾았던 식물원, 동물원 그리고 테마공원도 서식지외 보전기관의 역할을 하고 있다. 언제 이들 기관을 방문한다면 그곳에서 어떤 생물을 보전하고 있는지 관심을 갖고 찾아보는 것도 자연보호의 한 방법이 되겠다.

그림 7. 한라수목원. 서식지외 보전기관으로 26종의 식물을 관리하고 있다.

그림 8. 영국왕립식물원 큐가든(Royal Botanic Gardens, Kew)

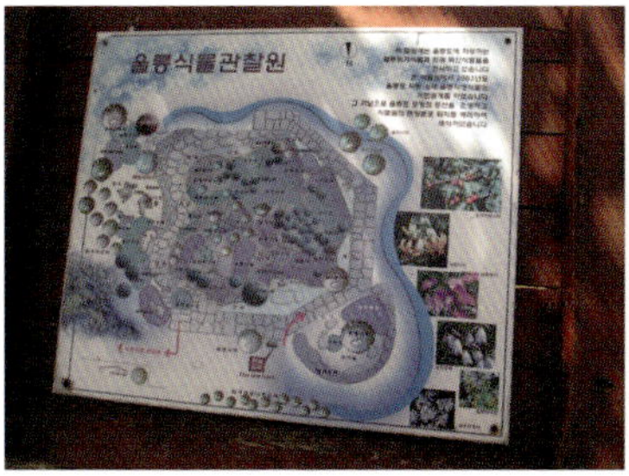

그림 9. 기청산식물원 사립식물원. 울릉도 식물 10종을 관리하는 서식지외 보전기관이다.

그림 10. 하버드대학 부설 아놀드 수목원(The Arnold Arboretum of Harvard University)

학습 요약 정리 4

1. 식물원(botanical garden)은 다양한 식물을 수집, 증식, 보존, 그리고 전시하는 곳이다.

2. 지구상에는 약 870만종의 생물이 분포하고 있는 것으로 추산되고 있다.

3. 현재까지 동정되고 기록된 생물종은 약 120만종으로 추산하고 있다.

4. 적색목록의 범주는 멸종(EX), 야생멸종(EW), 위급(CR), 위기(EN), 취약(VU), 준위협(NT), 약관심(LC), 정보부족(DD), 미평가(NE)의 9개로 나뉜다.

5. 생물들을 보전하는 전략은 서식지내 보전과 서식지외 보전 2가지이다.

5

생태형 | 적응하고 변화하고

기후변화가 전 지구적으로 심각한 환경문제로 부각된 지 오래이다. 불과 몇 년 전까지만 해도 기후변화(climate change)라는 용어는 학계의 일부 주장이라고 많은 사람들이 생각했다. 그러나 수시로 들려오는 전 지구적인 이상기온, 슈퍼 태풍의 발생, 고유생물종의 멸종 등은 단순히 일부의 주장으로 치부해 버릴 수 없는 상황이 되었다. 이러한 변화를 방치하면 인류의 멸망까지도 예견되고 있다.

기후변화에 관한 정부간 협의체(IPCC, Intergovernmental Panel on Climate Change)는 5~7년마다 보고서를 발간하는데, 2021년 8월 9일에 발간된 6차 보고서는 지구가 당면한 문제를 물리과학적 근거를 제시하며 심각성을 경고하고 있다. 이제 기후변화는 현실이 되었고 이에 현명하게 대처하는 일이 남아 있다. 이에 대처하기 위하여 '적응(adaptation)'과 '감축(mitigation)'이라는 두 가지 전략이 추진되고 있다.

감축은 지구온난화의 주범이라고 할 수 있는 온실가스 배출을 줄여나가는 것으로 주로 정책적인 접근을 통해 목표를 향해 나아가고 있다. 적응은 기후변화로 예상되는 사회적으로 취약한 계층이나 실생활 개선 등의 상황에 대해 사회인프라 구축이나 예방조치가 주를 이루고 있다. 우리가 목표로 설정한 기준에 적응과 감축을 통해 성과를 낼 수 있다면 우리는 어느 정도 재앙을 피해갈 수 있을지 모른다. 그렇지만 어느 한 개인 더 나아가서는 한 국가만 잘해서는 달성할 수 없는 목표이므로 기후위기의 심각성을 전 지구적으로 공감하고 실천할 필요가 있다.

현시대의 기후변화가 생태계에서 문제가 되는 것은 변화의 속도가 너무 빠르다는 것이다. 45억년전 지구가 탄생한 이후 수 많은 생물들이 명멸해 왔지만 지금까지 생물들이 생존할 수 있었던 것은 환경 변화에 적절하게 대응을 해왔기 때문이다. 대응에 실패한 생물들은 멸종의 운명을 맞이하였다. 생태계에서 생물들은 쉴 새없이 변화하는 다양한 환경요인의 영향을 받으며 삶을 영위하고 있다. 생물들의 생존은 능동성에 달려 있다. 생물이 환경 변화에 대응하는 방법은 '적응'과 '변화'이다. 적응은 변화된 환경에 맞춰 나가는 것이고, 변화는 환경을 생물의 생존에 맞게 바꾸는 것이다. 물론 적응과 변화 2가지 중 하나만 단독으로 작동하지는 않는다. 이렇게 환경에 적응하고 변화시키는 것을 요인보상(factor compensation)이라고 한다. 생물은 생존을 위해서 변화된 환경에서 제한요인을 저감시킬 수 있다. 이렇게 환경에 적응 및 변화된 것을 생태형(ecotype)이라고 한다. 지리적으로 넓게 분포하는 종은 국소지역에 적응된 생태형이 발달하고, 이들 생태형은 소지역별로 최적조건과 내성의 한도가 같지 않다. 요인보상작용은 유전적이거나 단순한 생리적 작용으로 발현된다. Turesson(1922)은 "특정 서식지에 대한 생태종(ecospecies)의 유전형 반응의 결과로 발생하는 결과물(product)을 포함하는 생태학적 단위"를 설명하기 위해 "생태형(ecotype)"이라는 용어를 만들어 내었고, 이는 유전형(genotypes)과는 엄연히 다르다고 설명했다.

우리나라를 대표하는 나무로 소나무가 있다. 소나무는 우리나라 전국적으로 분포하고 있고, 애국가 가사에도 나오며, 가장 좋아하는 나무를 인기 투표 한다면 단연 1위로 나오는 나무이다. 이 소나무가 산지에 따라 다른 생태형을 가지고 있다. 지역 환경에 적응하여 수형이 달라진 것인데, 1928년 Uyeki는 우리나라 소나무를 동북형, 중남부평지형, 중남부고지형, 위봉형, 안강형 그리고 금강형의 6가지 생태형으로 구분하였다(그림 11). 이중 금강소나무는 줄기가 통직하고 수관이 좁으며 줄기내 심재가 노란

색(黃腸木)이어서 다른 지역의 소나무와 외형이 뚜렷하게 구분되므로 별도로 분리되었다. 그래서 소나무의 학명은 *Pinus densiflora*인데 금강소나무는 *Pinus densiflora* f. *erecta*로 학명을 별도로 부여하였다. 이것은 유전적으로 변화가 생겼다는 것을 뜻하는데, 한편 금강소나무와 일반 소나무의 유전분석 결과 차이를 발견하지 못했다는 연구(김진수 등, 1993)가 있다.

1835년 태평양 갈라파고스 제도를 방문한 다윈은 섬마다 조금씩 형태가 다른 13종의 핀치(finch)새를 발견한다. 섬마다 먹이 등 생활환경이 다른 것에 따라 핀치새의 부리가 다르게 발달한 것을 보고 다윈은 "자연선택설"을 확신했으며, 오늘날 진화론의 근거가 되는 "종의 기원"을 1859년 발간한다. 다윈의 직관은 적중했다. 스웨덴 웁살라대 연구진(Lamichhaney *et al.*, 2015)은 2015년 연구 발표를 통해 갈라파고스 제도의 핀치새 부리의 다양한 변이를 유전분석을 통해 진화의 역사와 부리의 모양의 변화를 규명하였다.

결국 생태형은 적응과 변화를 통해 종의 존속을 유지하는 진화의 기본이라고 할 수 있다. 좀 더 쉽게 표현하자면 우리가 쓰는 사투리도 같은 민족이지만 어떠한 환경에서 거주하느냐에 따라 언어습관이 바뀌는 것이라고 볼 수 있으므로 인문생태형이라고 부를 수 있을 것이다.

해마다 선거철이 되면 각 정당들은 자신들의 정책 방향을 구호로 표현한다. 많은 정당들이 단골로 강조하는 것이 "변화"와 "혁신"과 같은 용어이다. 생태학적 입장에서 보면 지극히 당연한 구호이다. 자연생태계는 어느 한 순간도 멈춰 있지 않다. 계속 역동적으로 움직이며 변화를 만들어낸다. 그런 세상에서 변하지 않는다는 것은 도태를 의미한다. 변화에 맞춰 스스로도 계속 변화에 대응해야 한다. 정치에서는 달라진 정치, 사회 환경에 맞게 달라진 점을 강조하기 위해 위의 구호를 사용한다. 오로지 생존을 위해서다.

그림 11. 경북 울진 소광리에 소재한 금강소나무 안내판. 금강소나무의 분포지와 우리나라 주요 소나무의 생태형에 대한 정보를 담고 있다.

학습 요약 정리 5

1. 생물이 환경에 적응하고 변화시키는 것을 요인보상이라고 한다.

2. 생태형이란 특정 서식지에 대한 생태종(ecospecies)의 유전형 반응의 결과로 발생하는 결과물을 포함하는 생태학적 단위이다.

6

개체군 | 인구는 왜 늘고 줄고 할까?

요즘 우리나라의 화두는 인구감소이다. 국내에서 아이를 낳을 수 있는 여성 1명이 평생 낳을 것으로 예상되는 출생아 수의 평균이 0.81명으로 2021년에 역대 최저치를 기록했다고 언론에 대서특필 되었다. 언론의 제목은 이대로 인구가 줄어든다면 대한민국이 사라질 수 있다는 섬뜩한 표현이 주를 이루고 있다. 통계청의 예측은 갈수록 출생율이 더 낮아질 것으로 예상하고 있다. 출생율이 낮아져서 사회 곳곳에서 걱정이 많다. 그래서 왜 인구가 줄어드는지 사회적 현상으로 설명하려는 노력도 이곳저곳에서 찾아볼 수 있다. 인구수는 사회적 상황에 따라 늘어날 수도 줄어들 수도 있다. 우리나라의 경우 한국전쟁이후 소위 "베이비붐"이 일면서 급격히 인구가 늘었다. 그래서 1970년대 사회적 표어는 "둘만 낳아 잘 기르자"였다. 그러나 최근에는 2명 이상의 아이를 출산하면 "나라에 애국했다"는 표현을 쓰기도 한다. 이것을 생태학적 관점으로 풀어보자.

앞서 우리는 용어 설명에서 "개체군"의 정의를 다뤘다. 개체군이란 같은 종의 개체가 모인 집단이다. 즉, 사람이라는 한 개체가 있으면 그 개체가 집단을 이루면 개체군이 되는 것이다. 우리는 이것을 영어로 population이라고 하고 "인구(人口)"라고 부른다. 생태학 분야중에서 개체군에 대해 연구하는 것을 개체군생태학이라고 한다. 따라서 인구의 변화를 살피는 것은 개체군생태학이라고 할 수 있다.

그렇다면 개체군생태학에서 가장 주안점으로 다루는 것은 무엇일까? 앞서 개체군을 영어로 "population"이라고 했고, "populaton"을 사전에서 찾아보면 "인구"라는 말이 먼저 나온다. 여기에 힌트가 있다. 우리가 인구 문제에 관심을 갖고 볼 때 가장 먼저 궁금하는 것은 "인구가 몇 명인가?"이다. 우리가 어떤 나라나 도시를 평가할 때 제일 먼저 참고하는 것이 인구수이다. 인구수는 국력을 반영하기도 한다. 그런 것처럼 개체군 연구의 주요 관심사는 개체수가 얼마나 되는가이고 그것을 우리는 공간과 시간을 적용해서 "밀도(density)"라고 부른다. 개체군생태학의 가장 중요한 관심사는 밀도가 되는 것이다.

밀도는 임의의 시점에 임의의 공간에서의 개체군의 숫자를 의미한다. 예를 들면 2022년 9월 우리나라의 인구는 몇 명인가라는 질문은 우리나라라는 한정된 공간에서 2022년 9월 시점의 인구밀도를 나타내는 것이며 이것을 시계열적으로 비교하여 공간과 시간을 기준으로 인구가 늘었는지 줄었는지 판단하는 것이다. 좀 더 세부적으로는, 기준면적에서 개체군의 총수를 '조밀도(crude densify)'라고 하고, 비록 기준면직이 주어져도 실제로 생활 가능한 면적은 다를 수 있으므로 생활 가능 면적을 기준으로 개체군의 수를 산출하는 것을 '생태밀도(ecological density)'라고 한다. 우포에 서식하는 붕어의 밀도를 알아보고자 할 때 일반적인 우포의 수역 경계를 기준으로 삼아 붕어의 개체수를 산정하면 조밀도가 되는 것이나 갈수기에 줄어든 우포의 수역을 기준으로 하면 생태밀도가 되는 것이다.

밀도는 계속 변화하는데 변화의 요인은 출생, 사망, 이입 그리고 이출이다. 사람들의 출생율이 높다면 인구는 늘어날 것이고 사망률이 높다면 감소할 것이다. 외부에서 사람들이 많이 이동해 들어 오면 인구는 늘어날 것이고 나가면 인구밀도는 줄어들 것이다.

생물은 본능적으로 번식을 하므로 이론적으로 환경의 제약이 없다면 개체수는 늘어날 것이다. 안정되어 있는 이상적인 환경에서 개체수가 증가하는 것을 내적자연증가율이라고 한다. 이는 1838년 Verhulst가 인구증가를 설명하는 모델로 로지스틱 방정식을 제시한 것이다(그림 12).

$$\frac{dN}{dt}=rN \qquad \text{식 (1)}$$

그러나 실제 환경에서 개체수가 늘어나면 공간이나 먹이 등 여러 가지 문제가 발생하므로 무한정 개체수가 늘어날 수는 없다. 과학자들이 실험실 환경에서 미생물을 대상으로 실험을 한 결과 미생물들은 일정시간 동안은 로지스틱곡선(logistic model of population growth)으로 생장을 하나 점차 생장이 감소하는 현상을 발견하고 이를 S자 생장곡선이라고 불렀다. 즉, 어떠한 환경요인으로 인해서 생장이 둔화되고 더 이상 생장을 할 수 없는 것을 환경저항이라고 한다. 이것을 다르게 보면 생물의 개체군이 더 이상 생장할 수 없다면 그게 환경이 최대한 포용할 수 있는 한계가 되는 것이다. 그래서 환경수용력이라고도 부른다.

환경수용력은 수용력(carrying capacity) 혹은 포용능력이라고 하는데, 환경과 개체군 사이에 평형관계가 성립된 것이다. 수용력은 계획분야에서 폭넓게 적용되고 있다. 우리가 공원을 만든다고 가정해보자. 얼마나 많은 사람들이 언제, 어느 시기에 공원을 찾을 것인지 예측을 해야 그들을 수용할 수 있는 시설을 계획할 수 있는 것이다. 쉽게 설명하면 이용객들이 불편하지 않도록 주차장은 차량 몇 대가 주차할 수 있도록 할 것인지? 화장실은 어느 정도 규모로 지어야 하는지? 벤치 등 공원시설은 얼마나 마련해야 하는지 등등 모든 시설에 최대 이용객 수, 회전율 등을 고려하여 설계를 해야 한다. 굳이 새로 시설을 짓는 것이 아니라 기존에 관리하고 있는 공원도 마찬가지이다. 내장산국립공원은 단풍이 아름답기로 유명하다. 많게는 연간 200만명의 탐방객이 국립공원을 향유하는데, 탐뱅객들이 단풍이 최절정기인 10월, 11월에 총 탐방객의 약 40%가 내장산국립공원을 찾는다. 이러한 탐방행태를 1계절형이라고 하는데, 짧은 기간에 몰려드는 탐방객들을 수용하기 위해서는 그에 맞는 시설을 유지하고 있어야 하지만 가을철을 제외하고는 시설이 쓸모없어지게 되는 것이다. 좀 더 세부적으로는 탐방객들이 주말에 집중되므로 시설 이용의 불균형은 더욱 심화되는 것이다. 이러한 국립공원을 관리하기 위해서 적절하게 이용과 보전의 균형점을 찾기는 쉽지 않을 것이다.

국립공원과 같은 보호지역에 한꺼번에 너무 많은 사람들이 찾아오게 되면 자연이 스스로 지탱할 수 있는 임계점(threshold)을 넘어서게 된다. 만약 임계점을 초과하면 자연은 훼손이 되는데, 자연이 스스로 지탱할 수 있는 범위내에서 탐방객을 제한하는 것이 탐방예약제이다. 생태적 수용력의 개념을 적용한 셈이다.

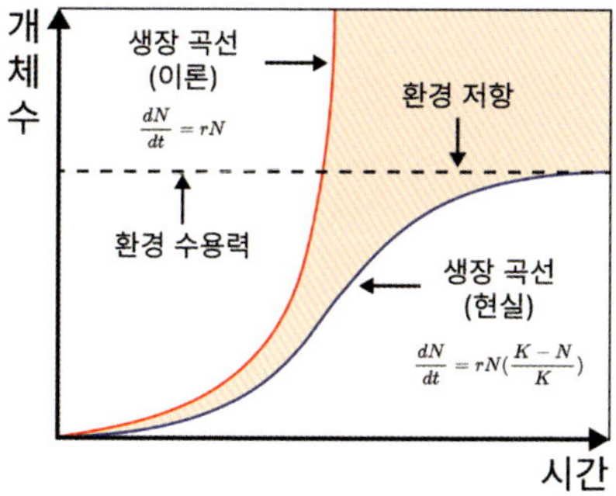

그림 12. 이론적 생장곡선과 실제 생장곡선의 차이 그리고 환경수용력

개체군의 밀도를 파악하기 위해서는 개체수를 세어야 한다. 개체군의 규모가 크지 않다면 문제가 없겠으나 우리나라의 인구처럼 개체군의 규모가 크다면 이를 정확하게 파악하기란 녹록치 않은 일이다. 그래서 우리나라에서는 5년 마다 인구주택총조사를 실시한다. 아무리 개체수가 많더라도 일일이 세는 것을 전수조사라고 한다. 전수조사는 매우 정확한 결과를 얻을 수 있지만 시간과 비용이 많이 드는 단점이 있다. 그래서 시간과 비용을 줄이면서 대략적으로 모집단을 파악하기 위해 표본조사를 실시한

다. 각종 선거철이 다가오면 저마다 표본조사를 통해 민심의 향배를 알아보는 것도 개체군생태학의 한 분야라고 할 수 있을 것이다.

인구주택총조사를 통해 얻어낸 결과를 남녀 연령대별로 표현한 것을 인구피라미드(population pyramid)라고 한다. 인구피라미드는 과거 및 현재의 인구자료를 바탕으로 인구 구조를 파악하여 향후 인구변동(출생, 사망, 국제이동)을 고려하여 추계 변화를 예측할 수 있다. 통계청에서는 2022년 한국 인구 중 유소년인구는 11.5%, 생산연령인구는 71.0%, 고령인구는 17.5%라고 발표했다. 그러나 출생 및 사망 등을 반영하면 2070년에는 현재 5천 2백만 명에서 2070년 3천 8백만 명으로 인구가 감소할 것으로 예측하였다.

예측이 그러하다면 향후 우리나라의 각종 정책은 현재의 인구수를 최대한 유지하는 방향성을 가질 것이다. 생태학의 입장에서 보면 개체수는 너무 많아도 문제지만 너무 적어도 문제이기 때문에 적정 밀도를 유지하는 과정으로 이해할 수 있다.

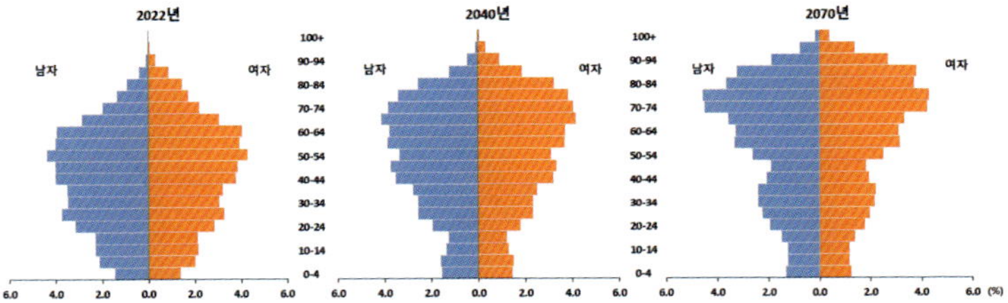

그림 13. 2022년부터 2070년까지의 인구구조 변화 예측 (자료: 통계청, 2022)

개체군의 밀도조절과 관련된 내용으로 널리 알려져 있는 것은 레밍(lemming)이다. 레밍은 북유럽 스칸디나비아 지역에 서식하는 들쥐로, 3~4년마다 개체수가 크게 늘어나고 이동하므로 일명 '나그네쥐'라고 알려져 있다. 그런데 이 레밍이 늘어난 개체수를 스스로 조절하기 위해서 절벽에서 떨어져 죽는 집단자살을 하는 것으로 알려져 있다. 최근에는 레밍이 사실은 근시여서 앞을 제대로 보지 못하고 한 방향으로 가다가 절벽에서 떨어져 죽는다는 주장도 있다. 여기서 주목할 것은 레밍의 번식 능력이다. 레밍의 개체수가 증가하면 결국 환경용량에 다다르게 되고 개체의 생존을 위해서는 먹이를 얻기위해 어쨌든 이동을 해야 한다는 것이다. 그 결과가 이동에 따른 집단 자살로 이어질 수도 있고, 포식자의 연쇄작용으로 이어질 수도 있다. 독일 "하멜린의 피리부는 사나이"에 대한 이야기도 '개체군의 밀도'와 관련지어 보면 재미있는 생태적인 해석이 되겠다. 독일 하멜른이라는 마을에 쥐들이 창궐하자 하멜른시의 시장은 쥐를 없애는 사람에게 상을 주겠다고 현상금을 걸었다. 이에 피리부는 사나이가 홀연히 나타나 피리를 불어서 쥐를 꾀어내 강물에 빠트려 퇴치한다. 그러나 너무 쉽게 쥐가 퇴치되자 시장은 마을 사람들과 짜고 약속을 지키지 않는다. 이에 화가 난 사나이는 피리를 불어 쥐에게 그랬던 것처럼 아이들을 이끌로 자취를 감추었다는 이야기이다. 여기에 나오는 쥐가 레밍으로 추측된다.

생태학의 창으로 본 영화해석 "설국열차"

영화 설국열차는 인류가 지구의 기후변화에 대응하기 위해 인위적인 기상이변을 촉발시켰으나 잘못된 결과로 빙하기를 맞게 되고 그런 상황에서 유일하게 살아남은 사람들이 끝없이 지구위 철로를 누비는 열차 타고 생존하여 열차내에서 일이나는 일을 그린 영화이다.

영화는 "기후변화", "계급", "혁명" 등을 주제로 다루고 있다. 영화에 내재 된 철학적 내용들도 많은 것 같으나 이런 것들은 다른 자료를 참고하기 바라고, 생태학의 개체군의 관점에서 영화를 해석해 보길 권한다.

끝없이 달리는 기차는 폐쇄된 공간이고 환경적으로 제한요인이 극단적인 곳이다. 즉, 환경저항이 뚜렷한 곳에서 개체군이 생존하기 위해서는 규칙적이며 안정된 물질의 "순환"과 일정 규모의 "개체군 수"를 유지해야 하는 것이다. 열차내에는 계급이 위계에 따라 순차적으로 나뉘어져 있지만 최하층민들은 전복을 꿈꾼다. 그러나, 최상 및 최하위 계급의 지도자들은 그들(개체)의 생존을 위한 수용력을 유지해야 한다는 생태계의 법칙을 충분히 인식하고 행동하고 있었던 것이다.

학습 요약 정리 6

1. 조밀도란 단위 총공간당 개체수이다.

2. 생태밀도란 고유밀도라고도 하며 단위 생활공간당 개체수이다.

3. 환경수용력은 수용력(carrying capacity) 혹은 포용능력이라고 하는데, 환경과 개체군 사이에 평형관계가 성립된 것이다.

7

밀도조절 | 자연생태에 선과 악은 없다

개체군의 밀도는 환경요인에 영향을 받지만 상당수의 개체군들은 상호작용을 통해서 밀도조절 효과를 얻는다. Lotka-Volterra 모델은 일명 포식-피식 모델로도 알려져 있는데, 개체군 밀도의 조절이 포식자와 피식자 간의 먹고 먹히는 과정에서 일정한 주기를 가지면 항상성을 유지한다는 이론이다.

눈신토끼(Snowshoe hare, *Lepus americanus*)와 캐나다스라소니(Canada lynx, *Lynx canadensis*)는 피식-포식의 관계인데 1845년부터 눈신토끼와 캐나다스라소니의 모피량을 조사한 결과(그림 15) 이들은 9-10년 주기로 개체군 밀도 변화가 있는 것이 밝혀졌다. 눈신토끼의 개체수가 늘어나게 되면 캐나다스라소니는 먹이량이 점차 풍부해지게 되어 점차 개체수가 증가하게 된다. 그러나 캐나다스라소니의 개체수가 증가하게 되면 반대로 잡아먹을 눈신토끼의 개체수 밀도가 감소하게 된다. 이렇게 눈신토끼와 캐나다스라소니는 상호간에 개체수밀도에 따라 개체수 변동이 있는데 이것이 주기성을 갖는다는 것이다. 이는 크게 보면 포식과 피식을 통해서 개체군밀도의 항상성을 유지하는 것이다. 만약 외부에서 이들의 포식과 피식관계에 관여하지 않으면 이들은 어떻게 보면 상호의존적으로 종족을 유지해 나갈 수 있는 것이다.

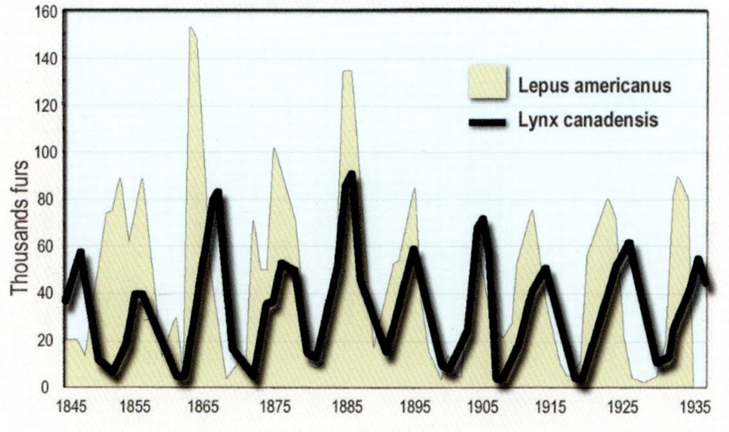

그림 15. 눈신토끼(Snowshoe hare, *Lepus americanus*)와 캐나다스라소니(Canada lynx, *Lynx canadensis*)의 연도별 모피 수량 변화도. 포식 및 피식관계인 눈신토끼와 캐나다스라소니의 개체수 변화가 9-10년 주기를 가지고 있다. (출처: MacLulich, D.A. (1937), Wikipedia "Lotka-Volterra equations")

그렇지만 이와 달리 외부 간섭으로 개체수 밀도 조절이 실패하게 된 사례가 있다. 옐로스톤국립공원(Yellowstone National Park)의 늑대 사건이 그 예인데, 1800년대 미국인들이 목축업을 하면서 가축을 잡아먹는 늑대를 사냥하게 된다. 인간과 가축에 해(害)가 되는 늑대를 꾸준히 사냥해 가자 1926년 즈음에는 늑대가 완전히 멸종하게 된다. 늑대는 옐로스톤국립공원 지역에서 최상위 포식자였는데, 이 늑대가 사라지자 연쇄적으로 생태계가 파괴되는 현상이 발생한 것이다. 포식자가 사라지자 초식동물이 급격히 늘어나게 되면서 이들이 초본과 어린 목본을 마구잡이로 먹어 치우면서 생태계 균형이 깨진 것이다. 이에 1955년 환경단체가 나서 멸종한 늑대를 복원하는 운동을 벌였다. 늑대 14마리를 옐로스톤국립공원에 방사한 결과 늑대의 개체수가 점차 증가하면서 생태계가 균형을 되찾은 것이다(그림 16). 물론 늑대 방사가 생태계 회복에 도움을 주었는지는 장기간 모니터링을 통해서 확인이 필요할 것이다.

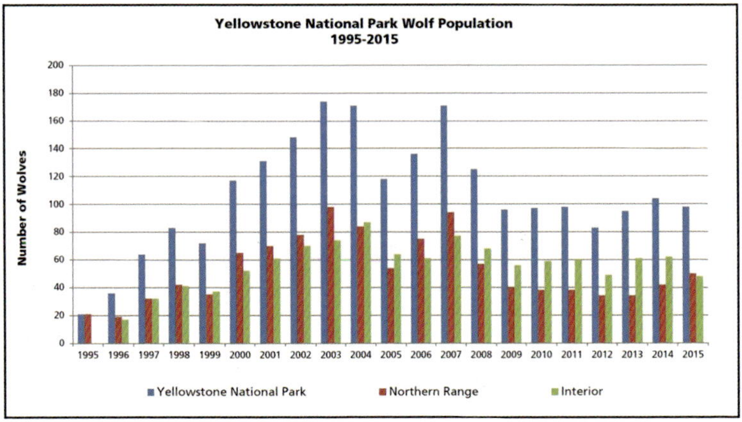

그림 16. 옐로스톤국립공원 지역에 방사된 늑대의 개체수 변화. 1995년 14마리가 방사된 이후 2003년까지 꾸준히 증가하다 2015년 개체수가 증가 및 감소하며 주기적인 개체수 변동을 보이고 있다. (출처: 미국 NPS 홈페이지)

사나운 늑대가 순한 가축을 잡아먹는 모습을 보면서 우리는 늑대는 악(惡)으로, 불쌍한 가축은 선(善)으로 구분해 왔다. 따라서 악은 응징을 해야 하는 것이다. 현상을 이분법으로 파악하는 것은 인류가 문명을 이루면서 시작되었는데, 최근에는 2차 세계대전 이후 냉전을 겪으면서 국제적인 질서가 선과 악, 적과 동지의 분위기를 조성을 했으며, 근본적으로는 종교가 그러한 역할을 했다. 우리가 즐겨보는 영화와 드라마도 여전히 이분법적 구조에서 벗어나지 못하고 있다. 그렇지만 생태학에서는 이러한 이분법에 의문을 제기한다. 앞서 눈신토끼와 캐나다스라소니의 사례 그리고 옐로스톤국립공원의 늑대의 예에서도 보았듯이 이들은 포식과 피식의 관계지만 상호관계에서 서로 필요한 존재이다. 우리가 규정하는 악이라고 하는 개념은 전체 생태계에서 부분만을 보며 우리의 관습화된 인식의 범위 안에서 섣불리 내린 판단이다. 전체 생태계의 개념에서 보면 이들은 오히려 서로가 필요한 동등한 위치에 있다고 볼 수 있고, 더 나아가 생태계

다양성을 구축하는 인자가 되는 것이다.

생태계의 기본 단위는 개체이다. 개체가 모이고 모여서 생태계를 이루는데, 각각의 개체는 생태계의 구성요소로서 동등하고 나름의 가치를 지닌다. 이것이 생태학에 내재되어 있는 평등의 원리이다.

학습 요약 정리 7

1. Lotka-Volterra 모델은 개체군 밀도의 조절이 포식자와 피식자간의 먹고 먹히는 과정에서 일정한 주기를 가지면 항상성을 유지한다는 이론이다.

8

알리효과 | 우리는 왜 모여살까?

우리가 생활하는 삶의 터전을 하늘에서 내려다 보자. 요즘에는 항공사진, 인공위성 영상 그리고 드론 등 다양한 매체를 통해서 우리를 하늘에서 내려다 볼 수 있다. 우리가 살고 있는 위치를 위에서 내려다보고 점을 찍는다면 어떤 모습일까? 혹은 산에 있는 나무들의 위치, 벌과 개미들의 위치, 지리산에서 활동중인 반달가슴곰의 분포 위치를 찍는다면 어떤 모습일까?

하늘에서 내려다본 개체들의 위치를 점으로 표현하면 주로 3가지 패턴으로 나타난다. 균일형(regular), 불규칙형(random), 그리고 괴상형(clumped)이다(그림 17). 개체들이 분포 패턴을 보이는 이유는 경쟁(competition)과 영역(territoriality) 때문이다. 균일형은 개체들이 일정한 거리를 유지하면서 표현된다. 숲에 분포하는 나무에서 그 예를 찾을 수 있고, 개체 간에 극심한 경쟁이 유발될 때 이러한 분포가 나타난다. 불규칙형은 환경요인이 고르고 특별한 경쟁이 없을 때 나타난다. 괴상(塊狀)형이란 개체의 분포가 덩어리처럼 뭉쳐서 나타나는 모양이다. 개체가 모여사는 경우에 이러한 패턴이 나타난다.

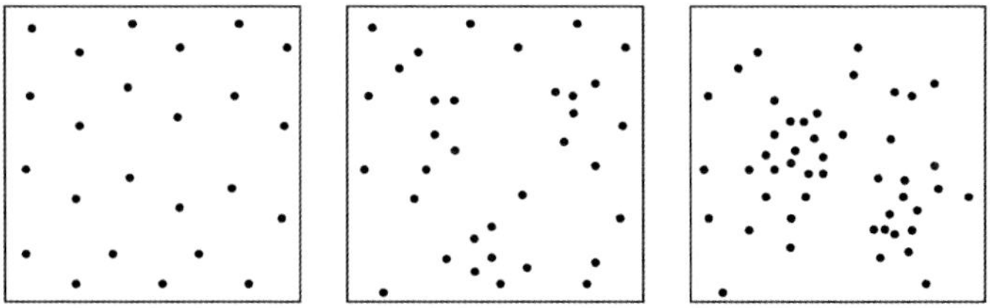

그림 17. 개체들의 분포. 왼쪽부터 균일형(regular), 불규칙형(random), 괴상형(clumped).

개체의 분포는 분산지수(index of dispersion)를 통해서 파악할 수 있다. 분산지수는 분산과 평균의 비(D=σ2/μ)로 나타내는데, 개체군이 분포하는 패턴을 알 수 있다.

모의 계산을 해보자. 왕벚나무 잎에 진딧물이 발견되었다. 표본으로 10개의 잎을 선정하여 각 잎마다 서식하는 진딧물의 숫자를 센 결과가 표 1과 같다. 균일형은 평균값이 분산값보다 높게 나왔고(σ2<μ), 불규칙형은 평균값과 분산값이 비슷하였으며(σ2≒μ), 괴상형은 분산값이 평균값보다 높게 나왔다(σ2>μ). 이렇게 계산을 통해 개체들의 분포패턴을 알아보는 이유는 실제로 생물들의 생활 공간속에서 분포 패턴을 파악하기 쉽지 않기 때문이다.

표 1. 개체들의 분포패턴을 알아보기 위한 분산지수 산정

분포 패턴	데이터										합계	평균 (μ)	분산 (σ2)	분산 지수	패턴
	1	2	3	4	5	6	7	8	9	10					
균일형	4	3	3	3	3	3	3	3	2	3	30	3.0	0.22	0.07	$\sigma^2<\mu$
불규칙형	5	5	3	0	3	2	4	4	1	3	30	3.0	2.6	0.87	$\sigma^2≒\mu$
괴상형	10	0	0	0	9	0	8	0	3	0	30	3.0	18.2	6.07	$\sigma^2>\mu$

생물들의 분포 패턴을 보면 인간을 포함하여 많은 생물들이 집단 즉 사회를 이루며 생활을 한다. 인간의 관점에서 집단을 이루는 대표적인 사례가 도시이다. 많은 사람들이 도시에 살고 있고 살기를 희망한다. 생태학에서는 생물들이 집단을 이루는 이유를 지리적인 생활장소의 차이, 일주기 혹은 계절주기 등 기후와 물리적 요인, 생식방법, 사회성 등으로 보고 있다. 그렇지만 집단을 이루면 먹이, 생활공간 등을 경쟁하게 되어 불리한 여건에 처하기도 한다. 그럼에도 집단을 이루는 이유는 무엇일까? 그것은 생물들이 집단을 이루었을 때 생존에 있어 유리하기 때문이다. 이를 Allee의 원리 혹은 Allee의 효과라고 한다.

단순하게 생각해 보자. 내가 만약 아무런 정보가 없는 낯선 곳에 혼자 남겨졌다면 나를 보호해 줄 수 있는 것이 없어서 생존에 매우 불안을 느낄 것이다. 그렇지만 유사한 상황에서 나를 포함한 무리가 그러한 상황에 처해 있다면 좀 더 안정감을 느낄 것이다. 이는 한 개체를 중심으로 외부 환경에 노출되는 표면적의 양으로 환산해 볼 수 있다. 처음과 같이 나 혼자 외부 환경에 노출되어 있다면 나는 오롯이 환경에 노출되는 상황이지만 집단에 속해 있다면 외부에 노출되는 표면적의 양을 줄일 수 있을 것이다. 들판에 한 그루의 나무만 있다면 태풍 등 외부 환경을 혼자 견디어야 하지만 숲을 이루고 있다면 나무들의 생존이 훨씬 유리해진다.

생식의 측면에서 개체의 밀도가 낮다면 짝을 찾을 수 있는 기회가 줄어들게 되겠지만 반대로 개체의 밀도가 높다면 번식의 전략이 더욱 용이해질 것이다. 생존과 생식 두가지 측면에서 적절한 집단을 이루는 것이 유리하다. 그래서 개체의 밀도가 너무 낮은 것 또한 제한요인이 될 수 있는 것이다.

우리 속담에 "말을 낳으면 제주도로 보내고, 사람을 낳으면 서울로 보내라"라는 것이 있다. 이는 우리 선조들이 경험적으로 집단가의 효과를 알고 있음을 나타내는 것이다.

학습 요약 정리 8

1. 개체군 분포 패턴은 균일형, 불규칙형, 괴상형 3가지가 있다.

2. 분산지수는 분산과 평균의 비(D=σ2/μ)로 나타내는데, 개체군이 분포하는 패턴을 나타낸다.

3. 알리 효과(Allee effect)는 개체 당 생장속도와 집단 밀도 사이가 양의 상관관계로 특성화되는 생물학의 한 현상이다. 보다 작은 집단에서 개체의 생식과 생존이 감소하고 이 효과는 집단이 커짐에 따라 포화되거나 사라진다.

9

생물다양성 | 다양한 것이 좋다

개체가 모인 것을 개체군이라고 하고, 개체군들이 무리를 이룬 것을 군집이라고 한다. 개체군 연구에서 주요 키워드는 "밀도(density)"였다. 개체수가 얼마나 되고 앞으로 어떻게 변화될 것인지를 파악하는 것이다. 그렇다면 모든 생물이 모인 '군집'에서는 어떤 키워드가 중심이 될 것인가? 군집의 키워드는 "다양성(diversity)"이다. 여러 생물이 모였으므로 몇 종의 생물이 모였는지를 파악하는 것이 중요하다. 단순한 다양성이 아니라 생물의 다양성을 강조하기 위하여 "생물다양성(biodiversity)"이라는 용어를 사용한다.

개체군은 동일한 개체의 모임이므로 개체명을 개체군 앞에 붙이면 명칭이 완성된다. 예를 들면 소나무가 무리 지어 있는 것은 소나무개체군이고, 멧돼지가 떼로 모여 있으면 멧돼지개체군이 된다. 그렇다면 군집은 어떻게 부르는 것이 좋을까? 군집은 여러 생물이 모인 집단이므로 이름을 붙이기 쉽지 않다 그래서 대표성을 가지 종을 선택해 이름을 붙이는 경우가 많다. 대표성이란 개체수가 많다든지, 몸집이 크다든지 아니면 어떤 형식으로든 영향력이 보여야 한다. 그래서 군집에서 주류를 표현하는 용어가 필요하게 되는데 바로 우점종(dominance species)이다. 산에 올라 숲을 보는데, 다양한 나무들이 있지만 소나무가 가장 많이 보인다고 하면 우리는 그것을 "소나무군집"이라고 부를 수 있다. 여기서 소나무개체군과의 차이는 소나무개체군의 경우 순수 소나무로만 구성되어 있고, 관심도 소나무에 국한되어 있는 반면 소나무군집은 연구 혹은 관심 대상 숲이 마침

소나무가 우점종인 것이다. 용어의 정의로 보면 소나무군집은 모든 생물을 포괄하므로 동식물을 다 다루어야 하지만 그런 연구는 드물고, 크게 동물생태학과 식물생태학으로 연구분야가 나뉘어 진행되는 경우가 많다. 그래서 식물생태학에서는 동물을 다루지 않으므로 소나무군집에서 식물만을 다룬다는 의미로 '소나무군락'이라고 표현한다. 그런데 우점종을 파악하기 힘든 경우가 얼마든지 있을 수 있다. 예를 들면, 물리적인 여건상 우점종을 파악하기 힘든 갯벌이나 냇가 등이 그러한데 이런 경우에는 갯벌군락, 여울군락 등 대표적 물리적 공간 명칭을 사용하기도 한다. 군집에서 우점종은 군집을 대표하는 의미도 있지만 군집 내에서 에너지 유통이나 물질순환의 주도적 역할을 맡고 있기 때문에 이를 파악하는 것이 중요하다. 우점종의 일반적인 특징은 위도가 높을수록 그리고 제한요인이 강할수록 우점도가 높다. 위도는 온도가 제한요인 일때를 의미하는 것으로 환경이 혹독하면 그 환경을 이겨낼 수 있는 1, 2종이 대세를 차지하기 때문이다.

우점종이 파악되었고 군집의 이름도 정했다면 이제 군집에 종이 얼마나 다양한지 알아봐야 한다. 종다양성에서 종이 얼마나 다양한지 알아내는 가장 직접적인 방법은 종수를 세는 것이다. 이를 종풍부도(species richness)라고 한다. 그러나 종풍부도의 단점은 몇 종이 있는지에 대한 정보는 주지만 각 종(種)이 얼마나 있는지는 알 수 없다. 군집의 구성에 있어 각 개체군의 밀도 세력을 판단하는데 도움이 된다. 양(量)적 정보로 많이 쓰이는 것이 개체수와 피도 등이다. 많은 생태학자들은 종의 양적 정보를 포함하여 다양성을 계량적으로 표현하려는 노력을 기울여 왔다.

① 분석 데이터

다양성을 계산해 보기 위해서 가상의 데이터를 준비해 보자(표 2). 총 4

군데 조사구에서 5종이 조사되었다. 각 대상지마다 출현 개체수는 100개체로 통일하였다. 대상지 가곳은 5개 종이 20개체씩 골고루 출현하고, 나곳은 종1이 편중되어 분포하며, 다곳은 불규칙적으로 종이 나타나고, 라곳은 오로지 한 종만 관찰되는 곳으로 설정하였다.

표 2. 자료 분석을 위한 가상의 종조성표

조사구 / 출현종	가곳	나곳	다곳	라곳
종1	20	96	40	100
종2	20	1	10	0
종3	20	1	20	0
종4	20	1	10	0
종5	20	1	20	0
개체수	100	100	100	100
종수	5	5	5	1

② Shannon의 다양성지수

Shannon의 다양성지수는 Shannon-Wiener 혹은 Shannon-Weaver로도 알려져 있다. Shannon은 미국 태생의 전기공학자인데 정보이론 분야를 만들었다. 그는 정보의 다양성을 정량화하기 위한 지수(H')를 만들었는데, 이는 엔트로피 공식과 같다. 훗날 생태학자들이 Shannon의 다양성지수를 가져다 사용하였는데 오늘날 생태학에서 가장 많이 사용하는 다양성지수이다. 로그는 상용로그와 자연로그 모두 사용이 가능하나 일반적으로 자연로그(ln)를 많이 사용한다. 만약 다양성지수 값이 이상하다고 생각되면 계산과정에 사용된 로그의 종류를 확인할 필요가 있고, 논문이나 보고서의 경우에는 사용된 로그의 종류를 표시해 주는 것이 좋다.

$$H' = -\sum(\frac{n_i}{N})\log(\frac{n_i}{N}) \quad 또는 \quad H' = -\sum P_i \log P_i \quad 식\ (2)$$

ni: 개개의 종이 갖는 중요도(개체수, 피도 등)의 수치

N: 중요도(개체수, 피도 등)의 총합

Pi: 개개의 종의 중요도(개체수, 피도 등)의 분담율(=*ni/N*)

대상지 중 가곳에 대해 Shannon의 다양성지수를 계산하면 다음과 같다.

H'= - { (20/100)ln(20/100) + (20/100)ln(20/100) +
(20/100)ln(20/100) + (20/100)ln(20/100) + (20/100)ln(20/100) }
= (-0.3219) + (-0.3219) + (-0.3219) + (-0.3219) + (-0.3219)
= -(-1.6094)
= 1.6094

노트: 인터넷에서 간편하게 다양성지수를 계산할 수 있다. 간단하게 중요도(개체수)에 해당하는 값을 입력하면 결과가 곧바로 산출된다.
https://www.omnicalculator.com/ecology/

같은 방식으로 4개 대상지에 대한 Shannon의 다양성지수를 계산한 결과가 표 3이다. 5개 종의 개체수가 골고루 출현하는 가곳의 다양성지수는 1.6094였고, 한 종으로 치우쳐 분포하는 나곳은 0.2234로 값이 낮게 나타났다. 한 종만 출현하는 라곳의 경우 다양성지수가 없는 것으로 나타났다. 모든 종의 개체수가 동일하게 출현하면 다양성지수는 최대값이 된다. 이를 최대종다양도(H'max)라고 한다. 주어진 자료에서는 종이 5개 출현한 가곳, 나곳, 다곳의 최대종다양도는 1.6094이고, 종이 한 종 출현한 라곳은 0이다.

$$H' = -\sum P_i \log P_i = -S \times \frac{1}{S} \log \frac{1}{S} = \log S \quad \text{식 (3)}$$

H'max = log 5 = 1.6094

표 3. Shannon의 다양성지수

출현종	ni/N				(ni/N)log$_e$(ni/N)			
	가곳	나곳	다곳	라곳	가곳	나곳	다곳	라곳
종1	0.2	0.96	0.4	1	-0.3219	-0.0392	-0.3665	0.0000
종2	0.2	0.01	0.1	0	-0.3219	-0.0461	-0.2303	-
종3	0.2	0.01	0.2	0	-0.3219	-0.0461	-0.3219	-
종4	0.2	0.01	0.1	0	-0.3219	-0.0461	-0.2303	-
종5	0.2	0.01	0.2	0	-0.3219	-0.0461	-0.3219	-
-Σ				H'	1.6094	0.2234	1.4708	0
H'max					1.6094	1.6094	1.6094	0
J'					1.0000	0.1388	0.9139	-
D					0.0000	0.8612	0.0861	-

Shannon의 다양성지수는 정보이론에서 나온 것인데 이것이 다양성지수로 해석되는 이유는 엔트로피의 "불확실성"을 측정하기 때문이다. 즉, 극단적으로 라곳의 예를 들면 오로지 한 종으로만 구성되어 있기 때문에 어떤 개체를 선택해도 그 종을 예측할 수 있다. 정보이론의 측면에서 보면 정보가 없는 것이다. 나곳의 경우에는 한 개체만을 선택할 경우 어쩌다가 종1을 제외한 나머지가 나올 수 있지만 확률상 종1이 선택되어질 경우가 많다. 그래서 정보값이 0.2로 역시 낮다. 반면 가곳은 한 개체를 선택할 경우 어떤 종이 출현할지 알기가 어렵다. 불확실성의 측면에서 가장 예측이 어려운 대상지이다. 그래서 값이 1.6으로 가장 높게 나왔다.

종다양성지수(H')를 산출하고 최대종다양도(H'max)를 산출하면 균재도와 우점도를 산출할 수 있다. Shannon의 다양성지수는 종수와 개체균의 고른 분포(균재) 요소를 반영한 것이어서 종수에 해당하는 요소를 제거하면 균재도(evenness)를 얻을 수 있다(Pielou, 1969). 균재도는 0부터 1 사이의 값을 가지며 1에 가까울수록 균등하게 분포되어 있음을 표현한다. 그래서 균재도를 1에서 빼면 우점도를 얻게 된다.

$$J' = \frac{H'}{H'max} \quad \text{식 (4)}$$

$$D = 1 - J' \quad \text{식 (5)}$$

계산 결과 가곳의 균재도는 1.0000으로 종별로 개체수가 완벽하게 균등분포한다. 반면 1종만 있는 라곳은 0.0000으로 균재도가 성립하지 않는다. 나곳은 1종에 개체수가 집중되어 있으므로 균재도가 0.1388로 낮은데 이는 반대로 우점도(0.8612)로 우점도가 높다는 의미이다.

③ Simpson의 다양성지수

Edward E. Simpson은 북아일랜드 태생으로 암호해독가였고 통계학자였다. 그는 조사구에서 임의로 종을 뽑아 다시 되돌려서 다시 종을 선택하는 방법인 복원임의추출을 해서 그것이 같은 종일 확률을 계산하는 방식으로 다양성지수를 산출하였다(Simpson, 1949). 이 식은 Simpson 지수, Simpson의 다양성지수, Simpson의 우점도지수 등 다양하게 불리고 있다.

$$D = \sum (\frac{n_i}{N})^2 \quad 식\ (6)$$

ni: 개개의 종이 갖는 중요도(개체수, 피도 등)의 수치
N: 중요도(개체수, 피도 등)의 총합

표 4. Simpson의 우점도지수 계산

조사구 / 출현종	(ni/N)²			
	가곳	나곳	다곳	라곳
종1	0.04	0.9216	0.16	1
종2	0.04	0.0001	0.01	0
종3	0.04	0.0001	0.04	0
종4	0.04	0.0001	0.01	0
종5	0.04	0.0001	0.04	0
Σ(ni/N)²	0.2	0.922	0.26	1

가상의 자료(표 2)를 이용하여 Simpson지수를 계산하였다(표 4). Simpson지수의 특징은 지수(D)가 0에 가까우면 높은 다양성을 가지고, 1에 가까우면 다양성이 낮음을 나타낸다. 개체수가 균등하게 출현한 가곳은 0.2로 다양성이 상대적으로 높은 반면, 종 개체수가 치우친 나곳과 라곳은 각각 0.922, 1.000으로 다양성이 떨어지고 있음을 나타내었다. 그런데 일반적으로 값이 큰데 낮다고 표현하고 반대로 값이 작은데 높다고 표현하는 것은 직관적으로 이해가 떨어진다. 오히려 값이 커서 다양성이 떨어지면 우점도가 높은 것이고, 값이 작아서 다양성이 높으면 우점도는 낮은 것으로 평가할 수 있다. 그래서 식 6을 Simpson의 우점도로 부르는 경우가 많고, 다양성을 표현하기 위한 것은 식 7 이다.

$$D=1-\left(\frac{\sum n(n-1)}{N(N-1)}\right) \quad \text{식 (7)}$$

표 5. Simpson의 다양성지수 계산

조사구 / 출현종	n(n-1)			
	가곳	나곳	다곳	라곳
종1	380	9120	1560	100
종2	380	0	90	0
종3	380	0	380	0
종4	380	0	90	0
종5	380	0	380	0
Σn(n-1)	1900	9120	2500	9900
Σn(n-1)/N(N-1)	0.192	0.921	0.253	1
D=1-Σn(n-1)/N(N-1)	0.808	0.079	0.747	0.000

계산 결과(표 5) Simpson의 다양성지수는 개체수가 균일한 가곳이 0.808로 가장 높게 나왔고, 종이 치우친 나곳과 라곳은 0에 가까운 값을 보였다. 이처럼 Simpson지수는 균일하고 종이 많을수록 값이 큰 경향을 나타낸다.

④ 생물다양성을 위한 노력

급격한 산업화 및 도시화가 이어지는 개발 속에서 설 땅을 점점 잃어버린 생물들의 멸종에 대한 위기감이 팽배해지고 있었다. 학자들은 종의 멸종 속도가 점점 가속화되고 있음을 경고하였는데, 1990년대 들어서면서 국제적으로 생물다양성 보전을 위한 강력한 필요성이 제기되었다. 그래서 1992년 6월 브라질 리우데자네이로에서 개최된 지구 정상 회의(Earth Summit)에서 생물다양성협약(Convention on Biological Diversity,

CBD)이 체결되었다. 생물다양성협약 제2조에서 "생물다양성"은 "육상·해상 및 그 밖의 수중생태계와 이들 생태계가 부분을 이루는 복합 생태계 등 모든 분야의 생물체간의 변이성을 말한다. 이는 종내의 다양성, 종간의 다양성 및 생태계의 다양성을 포함한다"라고 정의하고 있다. 우리나라는 1994년 10월 3일 생물다양성협약에 가입하였고, 1997년부터 국가생물다양성전략을 5년마다 수립해 오고 있다. 2012년 제정된 "생물다양성 보전 및 이용에 관한 법률"에 근거하여 제3차 국가생물다양성전략('14~'18) 부터는 법정계획으로 수립하고 있다.

한편, 생물다양성의 문제는 전 지구적 문제이므로 전 지구적 차원 생물다양성 목표 제시가 필요하여 2010년 아이치(Aichi) 생물다양성 목표 (생물다양성전략 2011-2020)가 설정되었다. 그 중 목표 11(Target 11)은 2020년까지 전 세계적으로 특히 생물다양성과 생태계서비스 차원에서 중요하다고 여겨지는 육지와 민물의 17%, 해양의 10%를 보전 및 관리하는 목표가 설정되어 있다. 우리나라도 이 목표를 달성하기 위해 관련 부처가 노력하였으며 진행과정은 한국보호지역 통합 데이터베이스 관리시스템(kdpa.kr)에 게시하고 있는데, 2022년 10월 현재 64,394개 보호지역이 지정되었으며, 육상 17.15%(27,713.2㎢), 해상 2.21%(12,445.4)㎢를 달성하였다.

2021년 전세계적으로 아이치목표 11을 달성하였다고 하였지만 질적 측면에서는 기대에 못미쳤고, IUCN에서는 2030년까지 30% 목표 달성을 촉구하고 있다.

학습 요약 정리 9

1. 종풍부도(species richness)는 어느 지역에 종수가 얼마나 있는지를 계량적으로 나타낸 것이다. 유사한 개념으로 “species abundance”는 국내에 “종풍부도 혹은 종 수도”로 소개되는 경우도 있으나 한 종의 개체수가 얼마나 있는지를 나타내므로 구분할 필요가 있다.

2. 대표적인 종다양성지수로 Shannon과 Simpson지수가 많이 사용된다.

3. 1992년 6월 브라질 리우데자네이로에서 개최된 지구 정상 회의에서 생물다양성협약(CBD)이 체결되었다.

4. 아이치 타겟 11은 2020년까지 전 세계적으로 생물다양성과 생태계서비스 차원에서 중요하다고 여겨지는 육지와 민물의 17%, 해양의 10%를 보호구역으로 지정하는 것이다.

10

생태적 지위 | 천상천하 유아독존

1932년 러시아 과학자 Gause는 같은 생태적 지위(ecological niche)를 갖는 두 종은 서로 공존할 수 없다는 이론을 정립하였는데, 이를 경쟁배제원리(Competitive Exclusion Principle, CEP) 혹은 가우스의 법칙(Gause's law)이라고 한다.

생물들의 상호작용에서 경쟁은 먹이, 활동공간, 기타 환경요인 등 자원을 공통적으로 요구할 때 필연적으로 발생한다. 그래서 비슷한 생활공간과 생활양식을 갖는 두 종은 결코 같은 장소에서 살지 않는다. 즉, 생태적 지위를 달리하지 않으면 공존이 안된다는 것이다. 생태적 지위란 물리적 환경, 환경적 요인 그리고 종 간의 상호작용(포식, 피식 등)을 포함하는 것이다.

경쟁배제원리는 가우스 이전에도 자연학자나 이론가들 사이에 언급이 되던 것이었는데, Gause는 이를 실증하였고(그림 18) 이후 가우스의 법칙 등으로 불리다가 1960년 Hardin에 의해서 "경쟁배제원리(CEP)"로 불리게 되었다.

경쟁배제원리는 여러 가지 논란이 이어졌지만 여전히 생태학 분야에서 다양성을 설명하는 강력한 이론이다. 만약 두 종이 한 자원을 놓고 공존하고 있다면 어떠한 생태적 지위의 차이가 있어서 공존이 가능한지를 밝히는 것도 중요 연구과제가 되었다.

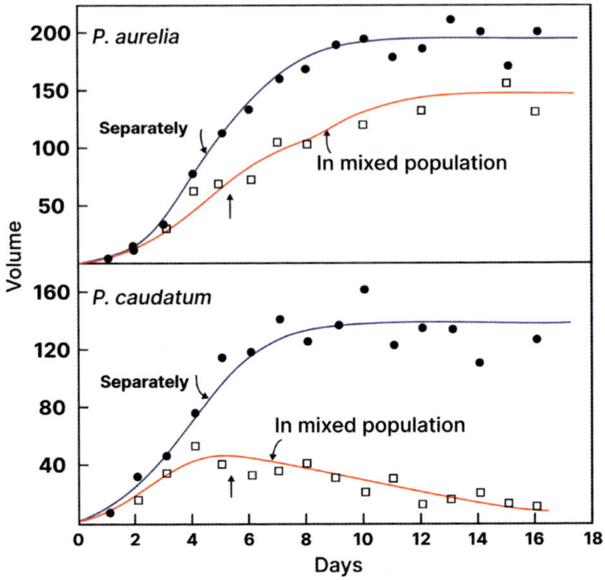

그림 18. 가우스가 짚신벌레(*Paramecium aurelia*와 *Paramecium caudatum*) 2종을 이용하여 실험한 결과. 하나의 자원은 한 종만 유지되지만 두 개체군이 경쟁할 때 외부 경쟁보다 내부 경쟁이 크면 두 개체군의 유지가 가능함을 실증함(출처: Gause(1934)).

자연생태계에서 경쟁배제원리가 작용한 결과를 층위형성이라고 하는데 우리 주변에서 쉽게 볼 수 있다. 층위형성이란 한정된 공간에 생태적 지위를 달리하는 많은 개체군을 수용할 수 있도록 자연도태가 작용한 결과이다. 자연에서 흔히 볼 수 있는 대표적인 것인 숲의 층위구조이다. 숲에 관심이 없으면 모르지만 조금만 관심을 갖고 보면 숲은 큰나무와 작은 나무들이 어우러져 있다. 식물에게 있어 가장 중요한 것은 광합성이다. 광합성을 하기 위해서는 빛이 필요한데 빛을 선점하기 위해서는 다른 식물에 비해 높게 키를 키워야 한다. 물론 뿌리가 뻗어나갈 수 있는 토심이나 바람의 압력을 견뎌야 하는 등 환경을 고려해서 적당한 높이를 유지하는 것은 기본이다. 모든 식물(목본)이 상부를 점유하기 위해서 높이 경쟁을 하면 오로지 한 개의 층위만 존재할 것이다. 그런데 높이 경쟁을 포기하고 키는 덜 크더라도 큰키나무 사이로 들어오는 빛으로도 만족한다면 그 나무는 어쩌면 편안하게 큰 키 나무 아래에서도 살 수 있게 된다. 그러면 단위 면적에 2개의 층위가 생길 수 있다. 같은 방식으로 아예 지상부에서 덤불로 자라는 것 그리고 초본층까지 분화되면서 숲은 단위면적에 4개 층위까지 발전하였다. 그래서 우리나라 숲은 교목층, 아교목층, 관목층 그리고 지피층의 4개 층위를 가지고 있다. 한정된 공간에서 생태적 지위를 달리하여 보다 많은 개체군이 수용되는 효과를 가져오도록 자연도태가 작용한 결과이다. 한편, 공간만이 아니라 시간도 층위형성이 가능하다. 숲속에 있는 초본식물의 입장에서 위로 3개 층위가 형성되어 있다면 광합성을 하는데 매우 어려움을 겪을 것이다. 그래서 초본식물은 큰키나무들이 잎을 내어 빛을 차단하기 이전인 이른 봄철에 개화하고 결실을 맺는 전략을 취했다. 그래서 야생화를 관찰하려면 많은 식물들이 꽃을 피우는 봄철이 제격이다.

생태적 지위를 달리하는 현상은 우리 사회에서도 적용할 수 있다. 대표적인 것이 요즘 많이 부각되는 공유경제이다. 공유경제란 재화를 소유가 아닌 대여, 차용의 개념으로 전환한 것으로 물건, 공간, 서비스 등을 인터넷과 휴대전화 기반으로 빌려 쓰거나 나눠 쓰는 사회적 경제 모델이다. 공유숙박, 공유차량, 공유오피스 등 범위가 광범위하며 실사례로 에어비앤비(AirBnB), 우버(Uber), 쏘카(socar), 자전거 따릉이 등 수많은 서비스가 시행되고 있다. 이러한 것이 가능한 이유는 휴대전화 보급과 사업자의 플랫폼 제공이 핵심이지만 근본 개념은 개인이 소유하고 있기만 하면 불용되는 시간을 나누는 것 그리고 잠재적인 경쟁상태를 극복하는 것이다. 즉, 정교하게 생태적 지위를 달리하는 것으로 해석하면 된다.

아침 출근 시간인 8시부터 9시 사이를 러시아워라고 한다. 많은 직장이

업무를 9시부터 시작하기 때문에 출근시간에 맞춰 직장에 가려고 많은 사람들이 한꺼번에 몰리는 것이다. 이때 출근하는 사람들에게 만원버스, 만원지하철, 교통체증은 각오가 되어 있고 늘 겪는 일이다. 그렇지만 일부사람들은 출근 혼잡시간을 피하기 위해 남들보다 일찍 직장에 출근하기도 하고, 아예 직장에서 탄력근무제를 운영해 직원들의 스트레스를 풀어주기도 한다. 이와 같은 사례도 우리가 생활에서 직접 겪는 생태적 지위 분화이다.

학습 요약 정리 10

1. 경쟁배제원리(CEP) 혹은 가우스의 법칙(Gause's law)은 같은 생태적 지위를 갖는 두 종은 서로 공존할 수 없다는 이론이다.

2. 생태적 지위란 서식지에서 생물의 지위를 나타내는 것으로 물리적 환경, 환경적 요인 그리고 종 간의 상호작용(포식, 피식 등)을 포함한다.

3. 층위형성이란 한정된 공간에 생태적 지위를 달리하는 많은 개체군을 수용할 수 있도록 자연도태가 작용한 결과이다.

11

추이대 | 회색이 좋아?

흔히 흑백논리라는 것이 있다. 선택의 폭을 딱 2개로만 정해놓을 때 쓰는 말이다. 간단 명료해서 좋아 보인다. 그러나 우리가 사는 세상에서 칼로 무 자르듯이 이렇게 단순하게 구분될 수 있는 것이 얼마나 있을까? 생태학에서는 이런 단순한 구분을 찾기가 쉽지 않다. 오히려 이런 단순함 보다는 어울려 섞여 있는 것이 생존에 유리할 수 있다.

추이대(推移帶)는 두 개의 서로 다른 군집이 만나서 겹치는 전이지대를 말한다. 에코톤(ecotone)이라고도 하며 이행대(移行帶)라고 부르기도 한다. 군집 '가'와 군집 '나'가 서로 인접해 있다면 선으로 그어진 경계를 넘듯 군집이 바뀌는 것이 아니라 '가'군집과 '나'군집이 만나 겹치는 새로운 특징을 지닌 군집 '다'가 생기는데 이를 추이대라고 한다.

하구역(estuarine)을 생각해 보자. 강과 바다가 만나는 곳을 기수역(汽水域)이라고 하는데 이 지역은 민물과 짠물이 만나 서로 섞이는 지역이다. 다른 한쪽에서 본다면 서로 다른 환경으로 진입하는 곳이니 전이지역이라고 할 수 있다. 이 지역이 생태적으로 중요한 것은 민물에서 사는 물고기와 짠물에서 사는 물고기를 동시에 볼 수 있다는 것이다. 식물 등 다른 생물도 마찬가지 이다. 그래서 기수역은 생물다양성의 보고라고 하며 생태적으로도 높은 생산력을 지닌 곳이다.

숲에서도 추이대는 쉽게 관찰된다. 대표적인 곳이 등산로이다. 등산로와 숲이 만나는 지역이 추이대인데 숲 내부는 빛의 양이 부족한 반면 등산로와 만나는 부분은 빛의 양이 충분하므로 관목류나 초본의 생육이 활발

하다. 그래서 추이대는 전이지대이기도 하지만 숲의 입장에서는 가장자리가 되므로 숲 내부에서 보기 힘든 식물이 숲의 가장자리에 많이 나타난다는 뜻에서 '가장자리효과' 혹은 '주연부효과(周緣部效果, edge effect)'라고 부르고, 이곳에서 주로 관찰되는 식물을 주연종(edge species)이라고 부른다. 오구균과 권태호(1996)는 오대산국립공원을 대상으로 탐방로와 산림 사이의 주연부 식생 구조를 연구하였는데, 숲의 가장자리와 숲 내부 산림의 종조성이 차이가 나는 것을 밝혔다. 기후대에 따라 차이가 있지만 대체로 주연부에 해당하는 식물들은 싸리나무류, 병꽃나무, 국수나무 등이다.

추이대에 대한 해석은 완충지대의 의미로도 설명할 수 있다. 2개의 서로 다른 이질적인 공간 사이에 영향을 완화시키는 공간이라는 의미이다. 대표적으로 보호지역의 용도지구(zoning) 구분에 이런 기법이 사용된다. 생물권보전지역(Biosphere Reserves)은 유네스코가 "생물다양성을 보전하면서 지속가능한 이용을 조화시킬 수 있는 방안을 모색하기 위해 전 세계적으로 뛰어난 육상, 연안 또는 해양생태계"를 지정한 곳이다. 생물권보전지역은 자연과 인간이 조화롭게 공존할 수 있도록 생물다양성 보전과 지역사회 발전을 꾀하는 곳인데 범위 설정에 있어 3가지 용도구역 즉, 핵심구역(core area), 완충구역(buffer area), 협력구역(transition area)을 설정한다(그림 19). 절대 보전지역인 핵심구역과 지역 발전의 역할을 할 수 있는 협력구역 사이에 두 구역의 영향을 완화시켜주기 위해서 완충구역을 둔 것이 추이대라고도 볼 수 있다. 산림청의 백두대간보호구역도 용도구역으로 핵심구역과 완충구역을 두고 있다.

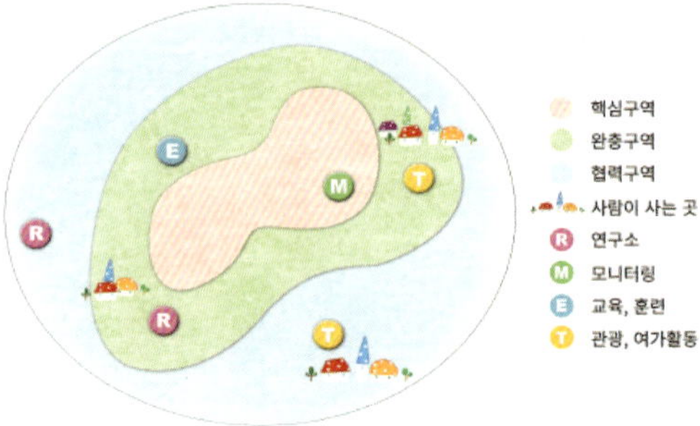

그림 19. 생물권보전지역의 지역 구분(출처: MAB 한국위원회)

추이대는 공간뿐만 아니라 시간적으로도 성립된다. 사회 생활에서 몇 가지 예를 들어보자. 공무원 시험에 합격하면 정식 공무원으로 임용되기 전에 실제로 그 일에 종사하면서 업무를 익히는 시간을 준다. 이를 시보(試補)라고 하는데 일종의 추이대 개념이라고 할 수 있다. 일반 사기업에는 인턴이 유사한 성격이다.

그림 20. 순천만 습지

그림 21. 낙동강 하구

학습 요약 정리 11

1. 추이대는 두 개의 서로 다른 군집이 만나서 겹치는 전이지대를 말한다.

2. 숲에서 볼 수 있는 대표적인 추이대 효과를 '가장자리효과' 혹은 '주연부 효과'라고 하고, 그곳에서 생육하는 식물을 주연종이라고 한다.

12

천이 | 끊임없는 변화

오늘도 해가 뜨고 만물이 생기 있게 움직인다. 움직임은 우주가 탄생한 이후로 끊어진 적이 없다. 우주의 모든 것이 어떤 지향점을 향해 움직인다. 우주의 작은 먼지같은 지구에서도 움직임은 끊임없이 일어나고 있다. 움직임은 변화를 가져온다.

어떤 곳의 생태계 혹은 군집이 교란(disturbance) 이후에 변화해 가는 것을 "천이(遷移, succession)"라고 한다. 교란이란 산불, 태풍, 홍수, 인위적 간섭 등 생태계에 긍정적이든 부정적이든 영향을 주는 것을 통칭한다. 교란에 의해 발생할 수 있는 대상지는 나지일 수도 있고, 앞서 있던 것이 사라진 흔적으로 남은 곳일 수도 있다. 천이가 식물생태학에서 시작되었으므로 나지와 산불로 타버린 숲 등이 주로 예시로 소개되었다. 그곳에서 천이가 다시 시작되며 생물의 종류와 수가 변해가게 된다. 그 과정에서 천이는 느리지만 종의 유입과 퇴출의 변화를 충분히 알 수 있다. 생태학에서 변화를 동태(dynamic)라고 한다. 일반적으로 천이는 시간이 지남에 따라 종수와 생체량(biomass)이 증가하는 방향(progressive)으로 나아가나, 일부에서는 천이가 후퇴하는 퇴행천이(retrogressive succession)가 발생하기도 한다.

천이의 개념이 싹트기 시작한 것은 문헌상 17세기까지 거슬러 올라간다. W. King(1685)이 천이에 대해 처음 언급을 한 것으로 보고 있고, 이후 시인이자 철학자인 Thoreau(1860)를 거치면서 자연의 변화에 대한 것이 구체화 되었다. 개념으로 정리되기 시작한 것은 1899-1910년 사이

Cowles(1901)부터 이며 Clements(1916)와 Gleason(1917)은 천이 개념을 발전시켰다. 천이 이론 초기부터 많은 학자들은 생태계가 교란 이후부터 어떻게 변해가는지 경로와 생물다양성의 변화를 예측하려고 하였다. 그렇지만 단순하게 정리된 이론으로 발전하지 못했는데, 그 이유는 생태계가 생물은 물론 무생물의 영향까지 얽혀 너무 복잡하고 변수가 많기 때문이다.

천이 연구의 포문을 연 것은 Clements(1916)이다. Clements는 천이가 방향성이 있고, 예측가능하며 선구식물이 나지에 유입되면서 발전하여 극상에 이른다고 하였다. 단계별로 종이 유입되는데 먼저 유입된 종은 환경을 변화시켜 자신들에게는 불리하지만 다음 단계에 유입되는 종은 번성하기 유리하도록 했다는 것이 요지이다. 아마도 20세기에 가장 많이 회자되던 이론이지만 결정론적이라는 지적도 있었고 현대 생태학자들은 그의 이론 즉, 한 방향으로만 진행되고 끝점(end point)이 있다는 것에 동의하지 않는 측면이 많다.

Cowles(1901, 1911)는 "변수는 상수가 아닌 변수를 향해 접근한다(a variable approaching a variable rather than a constant'"라는 말로 Clements와 의견을 달리하였는데, 천이는 선형이 아니고 정의된 종점을 향해 가지 않으며 어떤 때는 퇴행하는 복잡한 동적 과정이라고 하였다. Cowles의 주장에 대해 현대 생태학자들이 동조하는 측면이 있다. Gleason(1917)도 Clements와 의견을 달리하였는데, 그는 천이는 개별 식물의 특성 때문에 일어난다고 주장하였다. 그는 극상에 동의하지 않고 천이는 일정하며 보편적(constant and universal)이라고 하였는데, 과정은 연속적이며 끝은 없다라는 것이다.

Egler(1954)는 앞선 연구를 토대로 식물교대(relay floristics)와 초기식물구성(initial floristic composition) 이론을 제시하였다(그림 22). 식물교대(relay floristics) 이론은 Clements의 이론을 정리한 것으로 볼 수 있고

초기식물구성(initial floristic composition) 이론은 Clements 이론의 대안 성격을 가지고 있다. 식물교대 이론은 경작을 포기한 곳이나 오래된 들판에 주로 적용될 수 있는데, 초기 식물이 유입되면 그들이 환경을 그들에게 불리하게 만들고 대신 환경에 맞는 다른 식물들이 들어오는 것을 단계마다 반복하며 극상에 이른다는 것이다. 초기식물구성 이론은 기존에 있던 작물을 포함하여 버려진 농지로 유입된 식물들이 수명차이에 의해서 단계가 있는 효과를 내는 것이다. 즉, 속성생장하는 초본이 초기 우점하고 이후 수명을 다하여 대상지에서 사라지고 이어 관목 그리고 목본으로 이어져 평형에 이른다는 것이다. Egler는 각각의 사례가 실재하고 어떤 경우에는 두 사례가 복합적으로 발생한다고 보았다. 현재도 이 이론에 대한 검증은 계속 이뤄지고 있다.

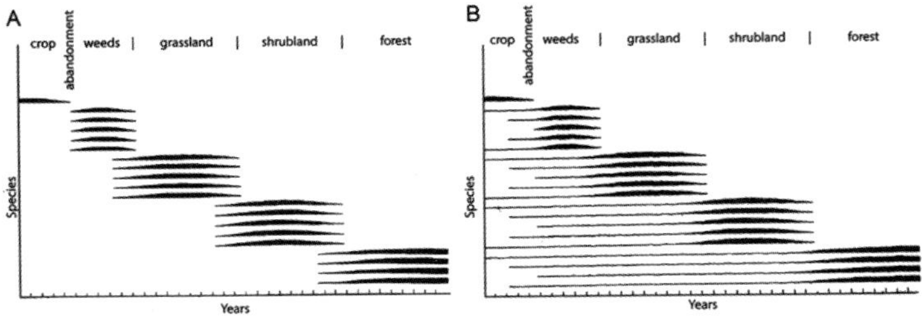

그림 22. Egler(1954)의 식물교대(relay floristics)와 초기식물구성(initial floristic composition) 이론. 식물교대 이론은 초기 선구수종 이입 후에 단계가 명확하게 진행지만, 초기식물구성 이론은 초기부터 대부분의 식물이 유입되어 수명차이로 단계가 나눠지는 것을 보여주고 있다.

Connell & Slatyer (1977)는 촉진(Facilitation), 내성(Tolerance), 억제(Inhibition) 모델을 제안했다(그림 23). 촉진 모델은 초기에 선구종이 유입되어 그들에게는 불리하도록 환경을 변화시켜 다음 종이 순차적으로 유입이 촉진된다는 모델이다. 내성(Tolerance)모델은 유입된 종이 선구종일 필요는 없지만 내성이 있어서 불리한 환경을 이겨내고 경쟁한다. 억제

(Inhibition)모델도 어떤 종이든 초기에 유입될 수 있다는 면에서 내성모델과 같지만, 그 종이 죽거나 훼손되기 전까지는 다른 종의 유입을 막는다. 그리고 수명이 긴 종이 수명이 짧은 종을 점차 대체해 나간다. 연구진은 억제모델이 식생천이에 더 잘 들어맞는다고 생각했다.

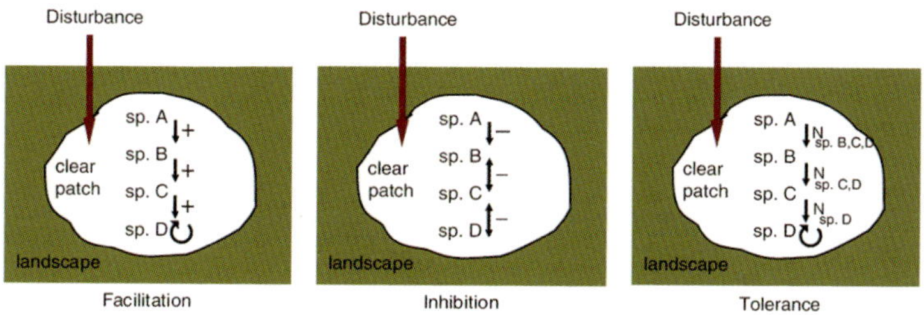

그림 23. Connell & Slatyer (1977)의 촉진(Facilitation), 내성(Tolerance), 억제(Inhibition) 모델

천이를 식물이 아닌 동물의 관점에서 접근하기도 한다. Fox(1982)는 Connell & Slatyer (1977)의 3가지 모델을 발전시킨 서식지 촉진(Habitat Facilitation), 서식지 내성(Habitat Tolerance) 모델을 적용하여 Habitat accommodation 모델을 제안했다(그림 24). 동물종(animal species) 그들이 필요로 하는 식생구조 및 조성에 맞으면 번성하였다가 천이로 식생이 바뀌면 동물종의 조성도 바뀐다는 것이다.

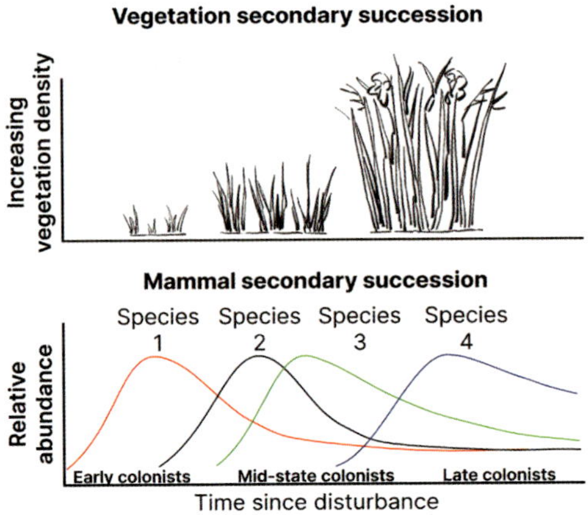

그림 24. 동물종이 서식할 숲의 환경이 그들의 요구에 맞으면 번성하였다가 식생이 바뀌면 동물종도 바뀐다.(출처: Monamy & Fox, 2000).

20세기 후반에는 자원과 식물특성에 따른 천이이론이 많이 제시되었다. Drury와 Nisbet(1973)은 환경구배에 따른 식물의 성장과 생존능력의 차이 이론을 제시하였다. MacArthur & Wilson(1967)은 *K* 선택과 *r* 선택이 천이의 양 극단이라는 것을 제안했다. *r* 선택 개체들은 속성 성장, 짧은 수명, 많은 자손을 남기는 반면, *K* 선택 개체들은 늦은 성장, 긴 수명, 적은 자손을 남긴다. 그래서 천이 초기에는 *r* 선택 개체들이, 천이 후반에는 *K* 선택 개체들이 번성한다. Grime(1979, 2001)은 CSR이론을 제안했다(그림 25). 경쟁(C, competitive), 스트레스 내성(S, stress tolerant) 그리고 교란(R, ruderal)의 약자를 줄인 것으로 교란이 가장 큰 오른쪽 아래 하단에서 천이가 시작되어 경쟁과 스트레스(C-S)축으로 상황에 맞게 진행된다는 이론이다. Whittaker & Goodman(1979)도 유사한 이론을 제안했다. Tilman(1985)은 천이는 자원의 양에 좌우된다는 자원비율가설(Resource ratio hypothesis)를, Noble & Slatyer (1980)는 교란 후 종의 생활사 특성을 반영한 "중요 속성(vital attributes)"를 제안했다. Keith *et al.* (2007)는 종의 중요 속성에 해당하는 식물의 기능 유형에 초점을 맞추었다. 그 외에도 천이를 식물의 기능으로 해석하려는 많은 노력이 이어졌지만 여전히 연구의 일부에 그치고 있다. 천이를 확률적(Stochastic effects)으로 연구한 사례도 있었다. Baasch, Tischew & Bruelheide (2010)는 Markovian model을 사용하여 종조성의 변화를 살폈다.

상태전이모델(state and transition models)은 생태계에서 몇가지 상태가 있음을 상정해 놓고 자연적이든 인위적이든 여러 가지 이유로 상태가 전이된다는 가설이다. Phillips(2011)은 세가지 상태전이모델 유형을 제시했는데, 첫째는 선형순차(sequential - linear) (A→B→C) 혹은 순환(cyclical) (A→B→C→A) 유형, 두 번째는 방사(radiation) 유형, 세 번째는 최대연계(maximum connectivity) 유형이다.

생태계 교란 이후에 남은 것들 즉, 생물학적 잔존물(biological legacies)이 천이에 강한 영향을 미친다는 연구(Swanson *et al.*, 2011)도 최근에 많이 진행되고 있다.

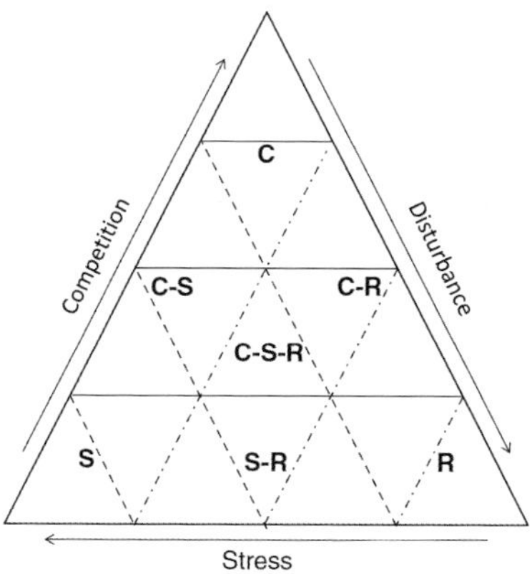

그림 25. CSR 이론 (출처: Grime, 1979, 2001)

천이와 관련된 연구는 100년이 넘게 진행되었지만 생태계의 변화상태를 실험적으로 검증하는데 시간적인 한계가 있다. 생태적 변화를 관찰해야 하는데 시간이 오래 걸리기 때문이다. 그래서 많은 사람들은 고정구(permanent plots)에서 장기간 관찰 자료를 얻거나, 다른 대상지에서 다른 천이 단계의 데이터를 모아 시계열적으로 나열하는 방식으로 연구를 진행한다. 그동안 진행되고 제안되었던 천이모델은 중복되기도 하고 명칭만 틀릴뿐 유사한 것도 많다. 그래서 Pulsford *et al.*(2016)는 그간의 이론들을 모두 정리하여 한 눈에 알 수 있도록 하였다(그림 26).

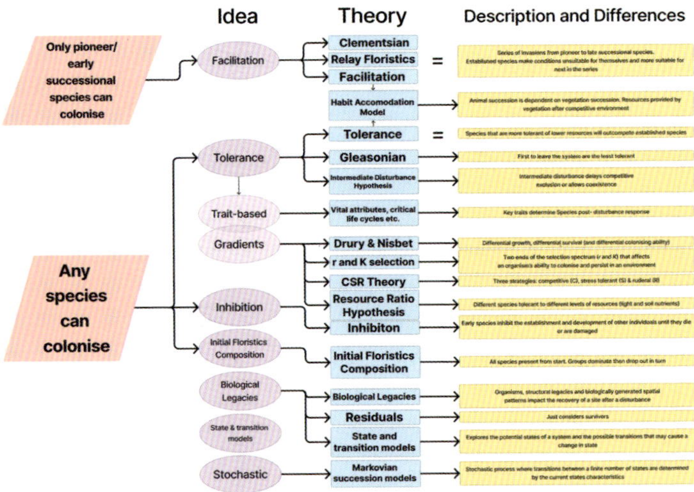

그림 26. 천이 이론 정리(출처: Pulsford *et al.*, 2016)

우리나라에서 천이는 주로 식물생태계를 위주로 많이 진행되고 있다. 천이 연구를 위한 장기간의 모니터링의 연구는 연구 여건상 한계가 있어 대부분 기존의 축적된 연구와 유사 대상지의 자료를 시계열적으로 연계하여 천이를 예측하고 있다.

학습 요약 정리 12

1. 어떤 곳의 생태계 혹은 군집이 교란(disturbance) 이후에 변화해 가는 것을 "천이(遷移, succession)"라고 한다.

2. 교란이란 산불, 태풍, 홍수, 인위적 간섭 등 생태계에 긍정적이든 부정적이든 영향을 주는 것을 통칭한다.

3. Clements(1916)와 Gleason(1917)은 천이 개념을 발전시켰다.

4. Clements는 천이가 방향성이 있고, 예측가능하며 선구식물이 나지에 유입되면서 발전하여 극상에 이른다고 하였다.

5. Cowles는 천이는 선형이 아니고 정의된 종점을 향해 가지 않으며 어떤 때는 퇴행하는 복잡한 동적 과정이라고 하였다.

6. Gleason(1917)은 천이는 개별 식물의 특성 때문에 일어난다고 하였다.

7. Egler(1954)는 식물교대(relay floristics)와 초기식물구성(initial floristic composition) 이론을 제시하였다.

8. Connell & Slatyer (1977)는 촉진(Facilitation), 내성(Tolerance), 억제(Inhibition) 모델을 제안했다.

9. Fox(1982)는 Habitat accommodation 모델을 제안했다.

10. Drury와 Nisbet(1973)은 환경구배에 따른 식물의 성장과 생존능력의 차이 이론을 제시하였다.

11. MacArthur & Wilson(1967)은 *K* 선택과 *r* 선택이 천이의 양 극단이라는 것을 제안했다.

12. Grime(1979, 2001)은 경쟁(C), 스트레스 내성(S), 교란(R)의 CSR이론을 제안했고, Whittaker & Goodman(1979)도 비슷한 이론을 제안했다.

13. Tilman(1985)은 천이는 자원의 양에 좌우된다는 자원비율가설(Resource ratio hypothesis)를 제시했다.

14. Noble & Slatyer (1980)는 교란 후 종의 생활사 특성을 반영한 "중요 속성(vital attributes)"를 제안했다.

15. Keith *et al.* (2007)는 종의 중요 속성에 해당하는 식물의 기능 유형에 초점을 맞추었다.

16. Baasch, Tischew & Bruelheide (2010)는 Markovian model을 사용하

여 종조성의 변화를 살폈다.

17. Phillips(2011)은 상태전이모델 유형을 제시했다.

18. 생물학적 잔존물(biological legacies)은 생태계 교란 이후에 남은 것들이 천이에 강한 영향을 미친다는 것이다.

13 천이 | 숲이 변하고 있다

숲을 대상으로 천이를 설명해 보자. 우리 주변에 논이나 밭에서 농사를 짓다가 그만 둔 곳을 종종 볼 수 있다. 그런 곳을 그대로 두면 논, 밭이 그대로 있는 것이 아니라 다음 해부터 심지도 않은 온갖 종류의 풀들이 들어찬 것을 볼 수 있다. 아니면 다른 어떤 이유로 맨땅이 노출되었다 해도 마찬가지이다. 이런 것을 교란(disturbance)이라고 한다. 이런 곳들은 어떤 생물들에게는 기회의 공간이 될 수 있다. 빈 땅을 차지할 수 있는 식물들의 주요 특징은 수명이 짧고 개체수가 많으며 종자가 작고 널리 퍼질 수 있어야 한다. 예를 들면, 우리 주변에서 흔히 볼 수 있는 민들레, 질경이, 망초, 개망초 등의 일년생초본류가 이에 해당한다. 우리 주변에서 흔히 볼 수 있다는 얘기는 우리 주변이 자연생태계의 입장에서 보면 교란된 지역이라는 뜻이기도 하다. 늦은 봄 민들레 홀씨가 탐스럽게 달린 것을 보면 누구나 줄기를 꺾어 홀씨를 불어 날릴 것이다. 어떻게 보면 우리가 민들레의 번식 전략에 이용된 것이다. 이런 측면에서 민들레는 똑똑하다. 맨땅을 차지한 식물들은 그곳에서 발아하여 뿌리를 내리고 줄기를 올리고 꽃을 피우고 열매를 맺어 또 다시 빈 공간을 향해 널리 퍼트린다. 짧은 기간이지만 민들레는 땅 속 영양물질을 땅 위로 끌어올렸다. 시간이 지날수록 땅 위로는 점점 유기물이 쌓이고 썩어가면서 차츰 비옥해 진다. 어느 정도 시간이 흘러 처음의 맨 땅과는 다른 환경조건이 갖춰지면 이는 경쟁력 있는 다른 생물들에게 기회로 다가온다. 여기까지 오는데도 1년에서 수년의 세월이 걸렸다.

다시 시간이 흘러 그 자리에 다년생초본류가 들어오고 이들의 활동으로 인해 그 전에 선구적으로 들어온 식물들은 자리를 잃으며 구성원이 달라진다. 또 시간이 흐르고 환경은 변화되고 이어서 키작은 나무가 들어오고 마침내 키가 크게 클 수 있는 나무가 들어온다. 우리나라 육상부에서는 소나무가 대표적이다. 소나무는 큰 키 나무이지만 솔방울 비늘 사이사이에 숨어 있는 씨앗은 길이가 불과 2-3㎜로 작고 날개를 달고 있어 널리 퍼질 수 있다. 이렇게 퍼진 씨앗은 곳곳에 떨어져서 햇볕을 받으며 자라나 점차 소나무 숲을 만든다(그림 27). 만약 맨땅이 아닌 습지라면 소나무 대신 버드나무, 오리나무 등이 자리를 잡을 것이다. 우리가 하천, 호수 등 습지 주변에서 누가 심지 않아도 버드나무나 오리나무 등이 자란 것을 보게 된다면 이들도 소나무와 같은 전략을 구사하고 있다는 것을 알 수 있다.

그림 27. 양지바른 곳에서 떨어진 소나무 씨앗이 일제히 발아하여 자라고 있다.

다시 소나무숲으로 돌아가 보자. 소나무는 빛을 좋아하는 양수이므로 별다른 경쟁자 없이 한동안 세력을 유지하며 아름다운 소나무 경관을 형성한다. 여기까지만 봐도 처음 맨 땅이었거나 버려진 농지였던 곳이 끊임없는 변화를 통해 소나무숲으로 바뀐 것이다. 그렇지만 변화는 계속된다. 소나무숲은 다시 오랜 세월에 걸쳐 참나무류 수목이 주류인 숲으로 바뀐다. 도토리가 열리는 우리나라 낙엽성 참나무가 신갈나무, 떡갈나무, 졸참나무, 갈참나무, 굴참나무, 상수리나무로 여섯종인데 이들이 우점종인 숲을 참나무류숲이라고 해야 하나 여기서는 편의상 참나무숲으로 부르기로 하자. 소나무가 자리잡은 숲에 어떤 경로이든 도토리가 유입된다. 다람쥐나 청서 같은 동물들이 역할을 했을 수도 있고, 강력한 태풍으로 날아들었을 수도 있다. 그렇게 유입된 도토리는 소나무숲 사이에서 어느새 자라나 소나무들을 밀어내고 점차 세력을 확대해 나간다. 다시 긴 세월이 흐르면 어느새 소나무들은 자리를 잃고 산 마루금이나 절벽 등에만 간신히 남아있게 된다. 같은 자리에서 소나무 상록수림이 참나무 활엽수림으로 종이 치환된 것이다. 그렇게 형성된 참나무숲은 다시 변화를 겪으면서 서어나무, 까치박달 등이 우점을 이루는 숲으로 변화해 간다.

이렇게 변해간 숲은 다른 나무들의 도전 없이 최고조에 이르게 된다. 이런 숲을 극상숲(climax forest)이라고 부른다. 극상을 동적 평형점(a dynamic equilibrium point)이라고 하는데 상대적으로 역동적이나 평형상태이기 때문이다. 처음 맨 땅이나 버려진 논, 밭에서 이렇게 울창한 숲이 되기까지 약 150-200년의 시간이 걸리는 것으로 보고 있다. 이런 추측은 긴 시간에 걸쳐 서서히 변화하는 것을 우리가 직관하기 쉽지 않기 때문이다. 여기서 변화가 멈춘 듯 하지만 세상은 여전히 변화하고 있다.

지금까지 소개한 변화는 주로 우리나라 온대중부기후대 육상부에서 일어나는 천이 양상이고 다른 기후나 환경에서는 그곳 상황에 맞는 다른 변화의 양상이 나타난다. 우리나라는 국토가 남북으로 길게 늘어져 있어 북에서 남으로 한대, 온대, 난온대 기후대를 갖고 있으며, 온대기후대는 다시 세분되어 북부, 중부, 남부로 나뉜다. 온대기후대의 구분까지 포함하면 우리나라는 크게 다섯 개의 기후대로 나뉜다. 숲의 변화에는 기후가 중요한 역할을 한다. 그래서 기후에 따라 다른 경관, 다른 변화가 나타나는 것이다. 기후가 상대적으로 온난한 남쪽지방에서는 늘푸른 넓은잎나무 즉, 상록활엽수가 분포하고 있어 우리가 남부지방 및 제주도 지역으로 여행을 하면 전혀 다른 숲 경관을 보게 되고, 강원도 이북쪽으로 가게 되면 또 다른 경관을 보게 되는 것이다. 보편적인 기후로 예측되는 숲의 끝점을 극상이라고 하는데 기후가 주요 원인으로 작용했다면 그것을 기후극상이라고 부른다. 그러나 기후보다 강한 다른 환경적 요인으로 인해 천이의 끝점이 달라지게 되는 것은 토지극상, 사람이나 동물의 규칙적인 간섭에 의해 경관이 유지되면 방해극상이라고 한다. 주요 관공서나 정원에서 해마다 나무를 전정하고 다른 식물들의 생육을 제한하여 늘 일정한 경관을 유지하는 것이 대표적인 방해극상이라고 할 수 있다.

천이의 끝점, 극상에 다다른 숲은 산불과 같은 교란에 의해 다시 처음으로 돌아간다. 거기서 다시 변화가 시작되는 것을 2차 천이(secondary succession)라고 하고, 빙하나 화산작용과 같은 교란에 의해 맨땅에서 변화가 시작되는 것을 1차 천이(primary succession)라고 부른다. 1차 천이는 2차 천이보다 속도가 느리다. 왜냐하면 1차 천이는 아무 것도 없는 부존(不存) 상태에서 진행되기 때문이다. 대상지 외부에서 종이 유입되어야 하므로 시간이 걸린다. 반면 2차 천이는 교란 이전에 있었던 생물들이 남긴 생물학적 잔존물(biological legacies)이 천이를 촉진시키는 역할을 해서 천이 속도를 단축시킬 수 있다.

학습 요약 정리 13

1. 극상은 동적 평형점(a dynamic equilibrium point)으로 물질과 에너지의 이동 또는 변화가 끊임없이 일어나고 있지만, 서로 상쇄되어 변화가 없어 평형을 이루고 있다.

2. 우리나라 기후대는 한대, 온대 북부, 온대 중부, 온대 남부, 난온대의 5개의 기후대로 구분할 수 있다.

3. 교란에 의해 맨땅에서 변화가 시작되는 것은 1차 천이, 기존에 숲이었던 곳이 교란되어 다시 천이가 진행되는 것은 2차 천이라고 한다.

4. 1차 천이는 2차 천이보다 속도가 느리다.

5. 기후극상은 기후가 주요 원인으로 작용하여 예측되는 숲의 끝점을 말한다.

6. 토지극상은 기후보다 강한 다른 환경적 요인으로 인해 천이의 끝점이 달라지게 되는 것이다.

7. 방해극상은 사람이나 동물의 규칙적인 간섭에 의해 경관이 유지되는 것을 말한다.

14 천이응용 | 숲의 변화에서 인간사회의 변화를 보다

인간에게 시간의 흐름과 축적은 역사로 표현된다. 아무것도 없는 맨 땅에서 시작된 변화가 숲의 역사를 만든 것처럼. 흔히 역사는 반복된다고 하지 않던가? 절정기 극상에 이른 숲은 산불, 태풍 등 자연재해로 교란되어 극상에 이른 숲을 다시 처음으로 되돌리지만 그 자리는 변화하며 다시 숲이 된다.

사람의 역사도 다르지 않다. 태어나서 유년기, 청년기, 중년기, 노년기를 거치는 과정은 한 사람의 역사이다. 개체의 역사이다. 사람의 역사를 무리로 확대하면 개개인이 명멸하는 우리 사회의 역사가 된다. 개체군의 역사이자 군집의 역사이다. 우리는 사회의 구성원이 되어 삶을 영위해 간다. 그렇다면 숲의 역사처럼 사람의 역사도 숲과 닮은 점이 있지 않을까? 그럴 것 같다. 사람의 역사도 숲 혹은 더 넓은 개념으로 생태계의 역사와 매우 흡사할 것이다. 뒤집어 보면 숲 혹은 생태계, 그들도 우리처럼.

복잡한 천이 이론처럼 모든 것이 딱 맞아 떨어지지 않지만 숲의 천이과정을 머릿속에 염두해 두고 우리의 근대사를 천이 과정으로 해석해 보자. 1950년에 발발한 한국전쟁으로 국토가 초토화 되었다. 천이 개념으로 교란이다. 폐허 속에서 앞날을 예측할 수 없던 그 시절은 천이 초기의 맨땅과 닮았다. 전쟁 중 그리고 전쟁이후의 힘든 상황에서 우리가 구사한 전략은 자손을 많이 남기는 것이다. *r* 선택이다. 이른바 베이비붐세대. 전후 가난과 기아속에서 기적처럼 삶을 이어갔던 우리는 지금은 세계 10위권의 경제력을 자랑하는 국가가 되었다. 천이의 극상단계로 나아가고 있는 것이다. 아니면 이미 극상단계에 진입한 것일 수도 있다. 오늘의 우리 사회는 그냥 만들어지지 않았다. 1960대부터 이어져 온 군부독재는 끝날 것 같지 않았지만 시간이 지나면서 결국 문민정부로 바뀌었고, 중간에도 여러가지 혼란스러운 상황이 있었으나 오늘에 이르렀다. 같은 공간에서 정권의 변화는 숲의 역사에서 공간은 같지만 점유하고 있는 우점종이 달라지는 것과 같다. 이것을 종의 치환(species replacement)이라고 부른다. 물론 지나간 일에 대한 표현은 간단해 보이지만 길고 끊임없는 변화의 시간이 있었다.

숲의 천이에서 소나무개체군은 그들끼리 단결하고 외부 침입자에게는 저항하는 기작을 갖고 있다. 이를 종간경쟁이라고 한다. 종간경쟁이란 서로 다른 종간에 경쟁하는 것을 말하는데, 종간경쟁에 대응하는 용어로 종내경쟁이 있다. 소나무는 솔잎을 떨구고 낙엽진 솔잎은 부식되면서 소나무숲에 유입된 다른 식물의 종자가 발아하지 못하도록 화학물질을 분비하는 타감작용(他感作用, allelopathy)을 한다. 움직일 수 없는 식물이 화학물질로 저항하는 것을 항생(抗生)기작이라고 하는데, 이는 그들만의 세력을 유지하기 위함이다(그림 28). 인간사회에 비추면 마치 정권을 유지하려고 노력하는 것과 같다. 그러나 세월이 흐르면서 조금씩 숲 환경이 변한다. 그리고 결국에는 기존 소나무의 저항을 이겨내고 외부에서 유입된 종즉, 도토리가 발아하여 참나무류가 세력을 잡아 간다. 참나무류는 결국 소나무를 몰아내고 우점종으로 자리잡는다. 정권이 바뀐 것이다. 처음에는 미미하였으나 그렇게 성장한 참나무류는 햇볕을 좋아하는 이웃 소나무보다 크게 자라 소나무를 도태시켜 나간 것이다. 고사한 소나무 사이로 다른 종들이 자리를 잡아가면서 소나무숲은 어느새 사라지고 새로운 세력이 자리를 차지한 것이다. 새로운 세력은 흔히 참나무라 부르는 참나무류의 나무들이다. 도토리를 맺는 참나무류는 낙엽이 지는 목본으로 신갈나무, 갈참나무, 졸참나무, 떡갈나무, 굴참나무, 상수리나무의 6종류가 있다. 옛 사람들은 모두 도토리를 맺으니 이것저것 구분없이 모두 참나무라고 부른 것이다. 한동안 참나무류가 그 자리를 지배하는 듯 보이지만 이들도 밀려 사라지고 새로운 세력이 또 자리를 잡는다. 천이의 끝점인 극상단계로 나아가는 것이다. 혹은 주변 환경탓에 참나무류 단계에서 머물수도 있다. 그리고 점차 나무가 늙어가며 노령림이 되기도 한다.

그림 28. 경북 문경 봉암사 경내 잣나무숲. 봉암사는 조계종 특별수도원으로 1982년 이래로 민간인의 출입이 통제되어 자연생태의 변화를 관찰하기 좋은 장소인데 경내 잣나무숲이 오랫동안 교란이 없는 상태에서 잣나무의 타감작용으로 다른 식물의 유입을 견제하고 있다.

천이를 설명하며 우리의 긴 역사에서 한국전쟁을 예로 들었는데 전쟁은 우리들에게 큰 교란이기 때문이다. 전쟁 이후를 천이초기에 비유하면 오늘날 사회는 큰나무들이 자리잡은 극상기라고 설명할 수 있다. 천이초기는 예측이 힘들고 몸집을 작게 그리고 재생산을 빠르고 많이 하는 *r* 선택이 유리하다. 반면 극상단계는 몸집이 크고 재생산이 느리며 적게 자손을 남겨야 생존에 유리하다. *K* 선택이다. 사회적으로 보면 경쟁은 극심하지만 안정기이고 급격한 변화가 적을 것이므로 미래를 설계하고 미래를 위한 준비와 투자를 할 수 있다. 또한 변화가 있다 해도 대체로 예측가능한 범위이므로 변화에 대한 대응준비도 용이하다. 다만, 성장한 사회를 유지하기 위한 비용을 많이 지불해야 하기 때문에 생산과 소비가 둘 다 높아지는 경향을 띤다. 숲의 에너지 원천은 태양에너지를 광합성을 통해 탄수화물로 전환하면서 비롯되는 것인데, 나무가 큰 만큼 많은 생산을 많이 하지만 역시 큰 덩치를 유지하기 위해 소비도 그에 못지 않게 많이 하게 되는 이치와 같다. 이처럼 천이 과정을 보면 우리 사회가 보인다.

산지가 많은 우리나라에서 겨울철에 마루금을 따라 소나무들이 줄지어 서있는 모습을 종종 볼 수 있다(그림 29). 앞서 논의한 천이 이론을 적용해서 왜 이런 현상이 생겼는지 응용해 보자.

우리나라의 산림은 거의 대부분 2차림이다. 2차림이란 원식생이 교란되어 사라진 곳에서 다시 천이가 시작되는 2차 천이 과정에 의해 발달한 숲을 말한다. 숲이 교란되었기 때문에 천이 초기에 해당하므로 유입하기 가장 좋은 조건을 가진 식물들이 들어온다. 육지에서는 소나무가 적격이다. 소나무는 다른 종과의 별다른 경쟁없이 숲을 형성한다. 그렇지만 지형적인 조건상 계곡은 습하고 토지 환경이 좋아 다른 식물들이 유입되면 경쟁을 하게된다. 이때 소나무는 계곡부에서 참나무류나 음수성의 낙엽활엽수와의 경쟁에서 점차 도태되어 나가고 소나무가 사라진 공간에 유입된 식물은 계속 확산되어 나간다. 이런 과정을 통해 계곡부로부터 마루금 방향으로 소나무의 세력이 줄어들고, 낙엽활엽수는 번성하게 되는 것이다. 그렇게 소나무는 마루금까지 몰리게 된다. 아마도 경사가 완만한 마루금의 소나무는 결국 낙엽활엽수에 밀려 도태될 것이고 지형적으로 난이도가 높은 곳을 차지한 소나무 몇 그루는 살아남을지도 모른다.

그림 29. 겨울철, 산 마루금을 따라 소나무들이 줄지어 서 있다. 왜 이렇게 되었을까?

학습 요약 정리 14

1. 타감작용(allelopathy)이란 다른 식물의 종자가 발아하지 못하도록 화학 물질을 분비하는 항생작용이다.

2. 2차림이란 원식생이 교란되어 사라진 곳에서 다시 천이가 시작되는 2차 천이 과정에 의해 발달한 숲을 말한다.

15

상호작용 | 소통의 중요성

소통(communication)의 중요성을 모르는 사람은 없다. 소통의 본질은 상대방에 대한 정보(information)를 구하는 것이다. 생태계는 각종 생물들이 무기환경을 포함하여 서로 상호작용을 하며 역동적으로 활동하는 공간이다. 생물의 궁극적 목표는 종족유지 및 번성을 위한 생존이기 때문에 상호작용 과정에서 경쟁, 포식 및 피식, 기생, 공생 등의 관계가 형성된다. 생물들의 상호작용에 따른 관계는 사람들의 보편적인 관점에서 보면 일방적으로 보이는 경우가 많다. 그렇지만 내면을 들여다보면 일방적이라기 보다는 상호보완적이라는 것을 알 수 있다. 또한 상호작용도 함께 발전하는 것을 알 수 있다.

나 자신이 홀로 어두운 밤에 낯선 곳을 가야 하는 상황을 가정해 보자. 어둡고 낯선 곳이란 그곳에 무엇이 있는지 알 수 없는 세팅이다. 따라서 나는 매우 소극적인 자세를 유지하게 되며 예상치 않은 것과 맞추치면 나의 생존을 위해서 마주친 것을 압도적으로 제압해야 마음이 편할 것이다. 조금이라도 여지를 남기면 나의 생존을 장담할 수 없기 때문이다. 그렇지만 어둡고 낯선 곳이라도 여러번 다녀보게 되면 어디에 무엇이 있는지 알게되고 여유를 가질 수 있다. 이 차이는 내가 그곳에 대한 정보를 얼마나 갖고 있는가의 차이이다. 공포영화를 처음보면 매우 무섭지만 여러번 보면 공포가 사라지는 것과 유사하다. 또한 우리가 낯선 사람을 만나면 처음에는 경계를 하지만 대화를 통해 상대방에 대해 알게 되면 여유를 갖게 되는 것도 같은 이치이다. 생물들도 처음 마주치는 생물과는 서로 정보가 없기 때문에 상대방이 나의 생존을 위협하는지 알 수 없으므로 매우 가혹한 결과를 초래한다. 그렇지만 시간이 지나고 서로 정보 공유를 하게 되면 주어진 환경속에서 각자가 생존을 유지할 수 있는 방법을 모색하게 된다. 그러한 결과로 나온 것이 생태적 지위를 달리하는 "층위형성"이며 공존, 공생의 결과로 이어지는 것이다. 이처럼 생태계는 진화하고 발전해 감에 따라 부(-)의 상호관계는 점차 축소되고, 서로 작용하여 종의 생존을 높이는 정(+)의 공생으로 발전하는 경향을 갖게 된다. 소통은 정보를 구하는 과정이다.

생태학의 창으로 본 영화해석 “컨택트 (원제 Arrival)”

영화 컨택트는 2016년 개봉한 SF 영화이다. 어느날 전세계 주요 국가 12개소에 외계의 비행물체가 나타난다. 이들이 왜 지구에 왔는지를 알 수 없는 상황에서 지구인들은 공포에 휩싸이게 된다. 외계인이 지구에 온 이유를 알아내기 위해 물리학자와 언어학자가 투입되어 그들과 접촉하고 소통하는 노력이 영화에서 다뤄지고 있다.

지구상의 많은 나라들은 오랫동안 교류를 통해서 각 나라의 정보를 많이 가지고 있으므로 각자의 위치에서 서로 공존해 나가고 있다. 반면 정보가 없는 외계인의 경우라면 우리는 어떤 자세를 취해 대응해야 할 것인가? 이러한 관점에서 영화는 생태계에서 개체군 간 상호작용의 한 예와 공존에는 시간이 필요함을 보여준다.

학습 요약 정리 15

1. 소통의 본질은 상대방에 대한 정보를 구하는 것이다.

2. 생물의 궁극적 목표는 종족유지 및 번성을 위한 생존이기 때문에 상호작용 과정에서 경쟁, 포식 및 피식, 기생, 공생 등의 관계가 형성된다.

3. 생태계는 진화하고 발전해 감에 따라 부(-)의 상호관계는 점차 축소되고, 종의 생존을 높이는 정(+)의 공생으로 발전한다.

용어 정리

※ 개체(個體)

생물 하나의 몸.

※ 개체군(個體群)

개체들의 모임.

※ 군집

특정 시간 특정 장소에 모여있는 개체군의 모임.

※ 군락

군집 중 식물에 국한하여 이름.

※ 생태계(ecosystem)

임의의 환경에서 생육하는 생물과 그 생물들과 상호관계하는 생물 및 무생물 요인을 포함한 체계를 이르며, 그 안에서 에너지 수지(收支)를 다룸.

※ 메타개체군(metapopulaton)

"개체군의 개체군"이라는 의미로 일정 지역에서 같은 종이 분산되어 있고 상호관계가 유지되는 지역 개체군(local population)들의 집합.

※ 메타군집(metacommunity)

지역 군집(local community)들의 상호관계가 유지되고 있는 지역 군집의 집합

※ 생태형(ecotype)

생태형은 지역 환경 조건에 적응하는 개체군. 제한요인을 극복하고 적응한 개체가 가장 많은 자손을 남겼음을 의미.

※ IPCC(Intergovernmental Panel on Climate Change)

IPCC는 기후변화에 대한 과학적 평가를 위해 세계기상기구(WMO)와 유엔환경계획(UNEP)이 1988년 공동 설립한 기후변화에 관한 정부간 협의체이다. 세계에서 진행된 기후변화 관련 연구 결과들을 종합적이고 객관적으로 분석해 5~7년마다 보고서를 발간하고 있다. 지난해부터 올해까지 제6차 종합보고서를 위한 사전 작업으로 3개 실무그룹이 작성한 보고서를 승인했으며, 종합보고서 승인만을 남겨두고 있다.

※ 우점종(dominance species)

군집내에서 개체수, 몸의 크기, 생산력 및 기타 활동력 등으로 보아 지배적 영향력이 있는 종

※ 종풍부도(species richness)

군집내 출현 종의 수. 유사한 의미로 species abundance가 있는데 이는 '군집내 출현 종의 개체수'란 의미로 차이가 있음.

※ 추이대(ecotone)

2개 이상의 서로 다른 군집이 만나 겹치는 곳. 전이지대라고도 하며 추이대에서만 나타나는효과를 추이대효과(ecotone effect)라고 하고, 이곳에서 나타나는 생물종을 주연부 생물(edge species)라고 부른다.

※ *K*-선택(*K*-selection)

비교적 안정적인 환경에서 수용력 또는 밀도가 최대인 개체군의 자연 선택 전략

※ *r*-선택(*r*-selection)

자원 유용성이 높아 급격히 개체수를 늘리는 개체군의 자연선택 전략

※ 동적평형(Dynamic Equilibrium)

물질과 에너지의 이동 또는 변화가 끊임없이 일어나고 있지만, 서로 상쇄되어 변화가 없어 평형을 이루고 있는 현상

※ 타감 작용(他感作用, allelopathy)

한 생물이 다른 생물들의 성장, 생존, 생식에 영향을 주는 하나 이상의 생화학물을 만들어내는 생물학적 현상.

참고 문헌

구경아, 박원규, 공우석 (2001) 한라산 구상나무(Abies koreana W.)의 연륜연대학적 연구: 기후변화에 따른 생장변동 분석. 한국생태학회지 24(5): 281~288

국립수목원 (2021) 한국 관속식물 적색목록: 한국의 희귀식물. 423쪽.

김진수, 이석우, 황재우, 권기원 (1993) 금강소나무 - 유전적으로 별개의 품종으로 인정될 수 있는가? - 동위효소분석 결과에 의한 고찰 -. 한국산림과학회지 82(2):166-175

오구균, 권태호(1996) 오대산국립공원의 주연부 식생구조. 환경생태학회지 9(2):202-210.

임형택 (1992) 제주도 소산 식물에 관한 식물지리학적 연구. 한국식물분류학회 22(3):219-234.

Clements, F. E. (1916) Plant Succession: An Analysis of the Development of Vegetation. Carnegie Institute of Washington, Washington.

Cowles, H. C. (1901) The physiographic ecology of Chicago and vicinity; a study of the origin, development, and classification of plant societies. Botanical Gazette 31:73–108.

Cowles, H. C. (1911) The causes of vegetative cycles. Botanical Gazette 51, 161–183.

Drury, W. H. & Nisbet, I. C. T. (1973) Succession. Journal of the Arnold Arboretum 54,331–368.

Erwin, T. L. (1982) Tropical forests: their richness in Coleoptera and other arthropod species. The Coleopterists Bulletin.

Gleason, H. A. (1917) The structure and development of the plant association. Bulletin of the Torrey Botanical Club 44, 463–481.

Grime, J. P. (1979) Plant Strategies and Vegetation Processes. John Wiley & Sons

Ltd,Chichester.

Grime, J. P. (2001) Plant Strategies, Vegetation Processes and Ecosystem Properties. John Wiley & Sons Ltd, Chichester.

Hanski, I and M. Gilpin (1991) Metapopulation Dynamics : Brief History and Conceptual Domain. Biological Journal of Linnnean Society 42 : 3~16

Keith, D. A., Holman, L., Rodoreda, S., Lemmon, J. & Bedward, M. (2007) Plant functional types can predict decade-scale changes in fire-prone vegetation. Journal of Ecology 95, 1324–1337.

King, W. (1685) Of the bogs and loughs of Ireland. Philosophical Transactions of the Royal Society of London 15, 948–960.

Lamichhaney, S., J. Berglund, M. Almén, K. Maqbool, M. Grabherr, A. Martinez-Barrio, M. Promerová, C. Rubin, C. Wang, N. Zamani, B. R. Grant, P.R. Grant, M. T. Webster, L. Andersson (2015) Evolution of Darwin's finches and their beaks revealed by genome sequencing. Nature 518, 371–375

Levins, R., (1970) Extinction. In M. Gerstenhaber (Ed.), Some Mathematical Problems in Biology: 77-107. Providence, R.I.: American Mathematical Society

Liebig, J. V. (1840) Die organische Chemie inihrer Anwendung auf Agricultur und Physiologie (Organic chemistry in its applications to agriculture and physiology). Friedrich Vieweg und Sohn Publishing Company, Braunschweig, Germany.

Lotka, A.J. (1910) Contribution to the Theory of Periodic Reactions. The Journal of Physical Chemistry. 14(3):271-274

MacArthur, R.H. & Wilson, E.O. (1967) The Theory of Island Biogeography. Princeton University Press, Princeton.

MacLulich, D.A. (1937) Numbers of the Varying Hare, Univ. of Toronto Studies,

Biological Series, No. 43, University of Toronto Press, Toronto.

Monamy, V. & Fox, B. J. (2000) Small mammal succession is determined by vegetation density rather than time elapsed since disturbance. Austral Ecology 25, 580–587.

Noble, I. R. & Slatyer, R. O. (1980) The use of vital attributes to predict successional changes in plant communities subject to recurrent disturbances. Plant Ecology 43, 5–21.

Phillips, J. D. (2011) Predicting modes of spatial change from state-and-transition models. Ecological Modelling 222, 475–484.

Pielou, E.C. (1969) An Introduction to Mathematical Ecology. Wiley, New York.

Pulsford, S.A., Lindenmayer, D.B., Driscoll, D.A., (2016) A succession of theories: Purging redundancy from disturbance theory. Biological Reviews 91, 148–167.

Strain, D. (2011) 8.7 Million: A New Estimate for All the Complex Species on Earth. Science 333:1083

Swanson, M. E., Franklin, J. F., Beschta, R. L., Crisafulli, C. M., DellaSala, D. A., Hutto, R. L., Lindenmayer, D. B. & Swanson, F. J. (2011) The forgotten stage of forest succession: early-successional ecosystems on forest sites. Frontiers in Ecology and the Environment 9, 117–125.

Thoreau, H. D. (1860) Succession of forest trees. Massachusetts Board of Agriculture Eighth Annual Report. White Printer, Boston, pp. 11–23.

Turesson, G. (1922) The Species and the Variety as Ecological Units. Hereditas 3: 100-113.

Westoby, M., Walker, B. & Noy-Meir, I. (1989) Opportunistic management for rangelands not at equilibrium. The Journal of Range Management Archives 42, 266–274.

Whelan, R. J., Rodgerson, L., Dickman, C. R. & Sutherland, E. F. (2002) Critical life cycles of plants and animals: developing a process-based understanding of population changes in fire-prone landscapes. In Flammable Australia: The Fire Regimes and Biodiversity of a Continent (eds R. A. Bradstock, J. E. Williams and A. M. Gill), pp. 94–124. Cambridge University Press, Cambridge.

Wilson, E. H. (1920) Four new conifers from Korea. Journal of the Arnold Arboretum 1: 186-190

부록 1. 우리나라 보호지역 지정

구분	보호지역 관련 법령	보호지역	주요 내용
환경부	자연공원법	국립·도립·군립공원	- 자연생태계 및 경관, 문화자원 등의 보전
			- 지속가능한이용
	자연환경보전법	생태·경관 보전지역	- 자연환경을 인위적 훼손으로부터 보호
			- 생태계와 자연경관 보전
			- 자연환경의 지속가능한 이용 도모
			- 국민의 쾌적하고 건강한 생활 도모
	습지보전법	습지보호지역	- 습지와 생물다양성 보전
	독도 등 도서지역의 생태계보전에 관한 특별법	특정도서	- 다양한 자연생태계, 지형 또는 지질 등을 비롯한 자연환경 보전
			- 국민의 건강하고 쾌적한 생활 도모
	야생생물 보호 및 관리에 관한 법률	야생생물 보호구역	- 야생생물과 그 서식 환경을 체계적으로 보호
			- 야생생물의 멸종 예방
			- 생물다양성 증진을 통한 생태계의 균형 유지
			- 사람과 야생생물이 공존하는 건전한 자연환경 확보
	수도법	상수원보호구역	- 상수원의 확보와 수질 보전
	한강수계 상수원수질개선 및 주민지원 등에 관한 법률	수변구역	- 오염물질이 상수원에 직접 유입되는 것을 차단하여 상수원의 수질을 개선하고 생태계를 보전
	금강수계 물관리 및 주민지원 등에 관한 법률		
	낙동강수계 물관리 및 주민지원 등에 관한 법률		
	영산강섬진강수계 물관리및 주민지원 등에 관한 법률		
해양 수산부	해양생태계의 보전 및 관리에 관한 법률	해양보호구역	- 해양생태계를 인위적인 훼손으로부터 보호
			- 해양생물다양성 보전
			- 해양생물자원의 지속가능한 이용 도모
			- 국민의 삶의 질을 높이고 해양자산 보호
	해양환경관리법	환경보전해역	- 해양환경의 훼손 또는 해양오염으로 인한 위해 예방
			- 깨끗하고 안전한 해양환경 조성
			- 국민의 삶의 질 향상 도모
	국토의 계획 및 이용에 관한 법률	수산자원보호구역	- 수산자원의 보호·육성

구분	보호지역 관련 법령	보호지역	주요 내용
문화재청	문화재보호법	천연기념물, 명승	- 문화재를 보존하여 민족문화 계승
			- 국민의 문화 의식 향상과 인류문화의 발전 기여
산림청	산림보호법	산림보호구역	- 산림을 건강하고 제계적으로 보호
			- 국민의 삶의 질 향상 도모
	백두대간보호에 관한 법률	백두대간보호구역	- 백두대간 보호
			- 무분별한 개발행위로 인한 백두대간 훼손 방지
			- 국토를 건전하게 보전하고 쾌적한 자연환경 조성
국토 교통부	국토의 계획 및 이용에 관한 법률	도시자연공원구역	- 도시의 양호한 자연환경과 경관의 보전
			- 도시민의 여가·휴식 공간의 확보

부록 2. 서식지외 보전기관 지정 현황 ('22.4월 기준)

연번	기관명	지정 동·식물	지정일자	소재지	연락처
1	서울대공원	동물22종	'00.4.12	경기과천시막계동대공원광장로 102번지	02-500-7750
2	한라수목원	식물26종	'00.5.25	제주제주시수목원길 72	064-710-7560
3	(재)한택식물원	식물19종	'01.10.12	경기용인시처인구백암면 한택로 2	031-333-3558
4	황새생태연구원	조류2종	'01.11.1	충북청주시흥덕구강내면 태성탑연로 250, 한국교원대	043-230-3390~2
5	내수면양식연구센터	어류3종	'01.11.1	경남창원시진해구여명로 25번길 55	055-540-2780
6	여미지식물원	식물10종	'03.3.10	제주도서귀포시중문관광로 93	064-735-1101
7	에버랜드동물원	동물6종	'03.7.1	경기도용인시처인구포곡읍 에버랜드로 199	031-320-8742
8	기청산식물원	식물10종	'04.3.22	경북 포항시북구청하면덕성리 362	054-232-4129
9	한국자생식물원	식물25종	'04.5.3	강원도평창군대관령면비안길 159-4	033-332-7069
10	(사)홀로세생태 보존연구소	곤충3종	'05.9.28	강원도횡성군갑천면갑천로 690번길 156	033-345-2254
11	(사)한국산양.사향 노루종보존회	포유류2종	'06.9.21	강원도양구군동면임당리 482-3	033-481-1217
12	(재)천리포수목원	식물4종	'06.9.21	충남태안군소원면천리포1길 187	041-672-9983
13	(사)곤충자연생태 연구센터	곤충4종	'07.3.8	강원도영월군영월읍동강로 716	033-374-5888
14	함평자연생태공원	식물4종	'08.11.18	전남함평군대동면학동로 1398-77	061-320-2851
15	평강식물원	식물6종	'09.8.25	경기포천시영북면우물목길 203	031-532-1779
16	신구대학교식물원	식물11종	'10.2.25	경기도성남시수정구적푸리로 9	031-724-1600
17	우포따오기복원센터	동물1종	'10.6.16	경남창녕군창녕읍유어면 둔터길 62	055-530-1581
18	조류생태환경연구소	동물3종	'10.7.9	대구북구산격동 1002-4번지 3층 303호	053-950-7075
19	고운식물원	식물5종	'10.9.15	충남청양군청양읍식물원길 398-23	041-943-6245
20	강원도자연환경 연구공원	식물7종	'10.9.15	강원도홍천군북방면성동리 1157	033-248-6560
21	한국도로공사 수목원	식물8종	'11.9.9	전북전주시덕진구반월동 848-39	063-212-0652
22	(재)제주테크노파크	동물3종	'11.12.29	제주서귀포시남원읍신례동로 338	064-720-2802

연번	기관명	지정 동·식물	지정일자	소재지	연락처
23	순천향대학교 멸종위기어류복원 센터	어류7종	'13.2.26	충남아산시신창면읍내리 646	041-530-1286
24	청주랜드	동물 10종	'14.2.10	청주시상당구명암동 40	043-200-4743
25	화천군 한국수달연구센터	동물 1종	'17.2.7	강원도화천군간동면간척월명로 869-129	033-441-9790
26	국립낙동강 생물자원관	식물 5종	'18.1.30	경상북도상주시도남2길 137, 국립낙동강생물자원관	054-530-0700
27	경상북도 농업자원관리원 잠사곤충사업장	곤충 1종	`21.3.26	경상북도상주시함창읍무운로 1621-27	054-530-6600
28	생물다양성연구소	어류 8종	'22.4.21	전라북도진안군부귀면곰티로 965, 963	063-246-8600

부산대학교 교양총서 시리즈

알짜배기 자연과학 4

생태학의 창으로 보는 세상

초판 1쇄 인쇄 2023년 1월 2일
초판 1쇄 발행 2023년 1월 10일

지은이 최 송 현
디자인 배 영 미

펴낸이 차 정 인
펴낸곳 부산대학교 출판문화원
등록 제1983-000001호 1983. 11. 10.
주소 부산광역시 금정구 부산대학로 63번길2(장전동)
전화 (051) 510-1932~3
전송 (051) 512-7812

정가 9,000원

ISBN 978 - 89 - 7316 - 762 - 3 04400
978 - 89 - 7316 - 636 - 7 (SET)